农村科技口袋书

杂粮丰产新技术

中国农村技术开发中心 编著

中国农业科学技术出版社

图书在版编目（CIP）数据

杂粮丰产新技术 / 中国农村技术开发中心编著．—北京：中国农业科学技术出版社，2016.12

ISBN 978-7-5116-2921-0

Ⅰ．①杂… Ⅱ．①中… Ⅲ．①杂粮—栽培技术 Ⅳ．① S51

中国版本图书馆 CIP 数据核字（2016）第 321675 号

责任编辑　史咏竹
责任校对　杨丁庆

出　　版　中国农业科学技术出版社
　　　　　北京市中关村南大街 12 号　　邮编：100081
电　　话　（010）82105169　82109707（编辑室）
　　　　　（010）82109702（发行部）　（010）82109709（读者服务部）
传　　真　（010）82109707
网　　址　http://www.castp.cn
经　　销　各地新华书店
印　　刷　北京科信印刷有限公司
开　　本　880 mm × 1230 mm　1/64
印　　张　4.4375
字　　数　143 千字
版　　次　2016 年 12 月第 1 版　2016 年 12 月第 1 次印刷
定　　价　9.80 元

《杂粮丰产新技术》

编 委 会

编写人员

主　编： 鲁成银　李宇飞　董　文

副主编： 熊兴平　王振忠

编　者：（按姓氏笔画排序）

于　巍　于立河　王振忠　王晴芳

邓　波　左　锋　卢成达　田　静

白文斌　白羿雄　冯佰利　刘　磊

刘三才　刘国庆　李　海　李宇飞

杨天育　杨如达　迟德钊　张玉先

张兴中　张学军　张宝林　张建华

周　黎　郑常祥　赵　敏　赵　鑫

柳青山　晋凡生　贾逸敏　夏雪岩

徐东旭　徐得泽　高小丽　郭二虎

郭志利　盖希坤　董　文　董良利

程炳文　温　亮

序

为了充分发挥科技服务农业生产一线的作用，将当前适用的农业新技术及时有效地送到田间地头，更好地使“科技兴农”落到实处，中国农村技术开发中心在深入生产一线和专家座谈的基础上，紧紧围绕当前农业生产对先进适用技术的迫切需求，立足“国家科技支撑计划”等产生的最新科技成果，组织专家精心编写了小巧轻便、便于携带、通俗实用的“农村科技口袋书”丛书。丛书筛选凝练了“国家科技支撑计划”农业项目实施取得的新技术，旨在方便广大科技特派员、种养大户、专业合作社和农民等利用现代农业科学知识、发展现代农业、增收致富和促进农业增产增效，为加快社会主义新农村建设和保证国家粮食安全作出贡献。

“农村科技口袋书”由来自农业生产、科研一线的专家、学者和科技管理人员共同编写，围绕着关系国计民生的重要农业生产领域，按年度开发形成系列丛书。书中所收录的技术均为新技术，成熟、实用、易操作、见效快，既能满足广大农民和科技特派员的需求，也有助于家庭农场、现代职业农民、种植养殖大户解决生产实际问题。

在丛书编写过程中，我们力求将复杂技术通俗化、图文化、公式化，并在不影响阅读的情况下，将书设计成口袋大小，既方便携带，又简洁实用，便于农民朋友随时随地查阅。但由于水平有限，不足之处在所难免，恳请批评指正。

编　者

2016 年 11 月

前言

杂粮通常是指水稻、小麦、玉米、大豆和薯类五大作物以外的粮豆作物。主要有高粱、谷子、荞麦、燕麦、大麦、糜子、黍子、薏仁、籽粒苋，以及芸豆、绿豆、小豆、蚕豆、豌豆、豇豆、小扁豆、黑豆等。其共同特点是生长期短、种植面积少、种植地区特殊、产量较低，但是一般都含有丰富的营养成分，有益于人民健康。杂粮应用于人们衣食住行的各行各业，如酿酒、酿醋、制酱等，对增加农民收入、扩大就业和解决三农问题具有重要作用。

为了充分发挥科技是第一生产力的功能，打通科技成果转化的“最后一公里”问题，中国农村技术开发中心组织来自杂粮生产、科研一线的专家、学者和科技管理人员共同将“十二五”国家科技支撑计划杂粮相关项目所产生的最新科技成果编写成《杂粮丰产新技术》一书。该书针对山西省、甘肃省、黑龙江省、陕西省、宁夏回族自治区、河北省、内蒙古自治区赤峰市等不同区域的特点，筛选凝练了杂粮的新品种、新技术、新模式等相关成果，旨在方便广大科技特派员、专业合作社和农民等利用现农业科学知识，实现环境友好和增产增效。

本书的编写工作得到了山西省农业科学院高粱研究所、山西大学、西北农林科技大学、甘肃省农业科学院作物研究所、吉林省农业科学院作物所、河北省农林科学院谷子研究所、山西省农业科学院资源与经济研究所、赤峰市农牧科学研究院谷子研究所、黑龙江省农业科学院育种研究所、山西省农业科学院谷子研究所、宁夏农林科学院固原分院等科研单位的领导和同人们的支持，在此一并致谢！由于编写任务繁重，时间较紧，不足之处恳请批评指正。

编　者

2016年11月

目　录

第二章　高粱篇

第三章 糜黍篇

第四章 荞麦青稞篇

第五章　杂豆篇

第一章
谷子篇

晋谷 21 号

品种来源

晋谷 21 号（钴 60 γ 射线辐射晋汾 52 干种子）是山西省农业科学院经济作物研究所选育的中晚熟优质谷品种。1994 年经山西省品种委员会审（认）定，审定编号为第 168 号 GS04002-1994。

特征特性

幼苗绿色，主茎高 146～157 厘米，主茎节数 23 节，茎粗 0.66 厘米，单穗重 22～24 克，粒重 16.7～22.7 克，出谷率 75%～90%，出米率 70%～80%，千粒重 3.3 克，其小米“汾州香”，米色金黄发亮，适口性细柔光滑，米饭喷香，蛋白质含量 15.21%，粗脂肪含量 5.7%，淀粉含量 5.76%，营养成分及适口性均达优质标准。获山西省首届农业博览会金奖，中国第二届农业博览会金奖，山西省科技进步一等奖，国家科技进步三等奖，为国家科学技术委员会及山西省重点推广品种。中晚熟地区春播一般亩（1 亩≈667 平方米，全书同）产 250 千克左右，比对照晋谷 10 号增产16.6%左右。

技术要点

（1）适期播种：在无霜期150天以上的地区春播，可于4月底至5月上旬播种，不得晚于小满。无霜期180天以上的地区麦茬复播，可于6月中下旬，不得晚于7月3日。

（2）种子准备：根据本地特点，进行优种异地调换。主要调用原种。

（3）种子处理：播种前晒种；用种子量0.3%的瑞毒霉拌种防治白发病，用禾穗安拌种防治黑穗病。

（4）留苗密度：春播2.5万～3万株，复播4万～4.5万株。

（5）施肥：该品种以农肥、磷肥为主，一次底施为佳，复播适当早追。

（6）防虫：在各个时期注意防治钻心虫。苗高3寸（1分米）和苗高8寸（约2.67分米）为主要防治期。若发现蚜虫及时防治，以防传染红叶病。

（7）收获：成熟时及时收获，质优，易受鸟害。收获脱粒时注意保持纯度，便于加工利用。

适宜地区

适宜在山西省忻州市代县以南，陕西省延安市、榆林市米脂县以南，河南省三门峡市、甘肃省庆阳市、山东省等谷子产区种植。推广面积累计达到 8 000 万亩以上。

注意事项

及早防治钻心虫及鸟害。

晋谷 21 号示范田

晋谷 29 号

品种来源

晋谷29号（晋谷21号×晋谷20号）是山西省农业科学院经济作物研究所选育的中晚熟一级优质米品种。2000年通过山西省品种委员会审（认）定，2002年通过国家品种委员会审（认）定。品种审（认）定编号为（2000）晋品审字第11号，国审杂2002010。

特征特性

幼苗绿色，主茎高130～135厘米，主穗长20～22厘米，千粒重15.5克左右，出谷率80%～82%，穗型长筒，松紧度适中，短刚毛，千粒重3.0克，生育期112天左右，白谷黄米，米色鲜黄，经香港大学测试，黄色度为36.5，比普通谷子（晋谷20号黄色度29.1）高7.4。品质优，经农业部（中华人民共和国农业部，全书简称农业部）谷物品质监督检测中心检验，营养品质及适口品质均达到（或接近）国家一级优质米指标，其蛋白质含量为13.39%，脂肪含量为

5.04%，赖氨酸含量0.37%，直链淀粉为12.20%，胶稠度144毫米，碱硝指数2.5。集中了双亲“优质、高产、抗旱、中熟”之优点。

产量表现：1994—1995年品比试验，折亩产187.8千克，比对照晋谷20号增产23.3%，比晋谷21号增产35%以上。1996—1998年参加山西省谷子区域试验，3年平均亩产278.5千克，比对照晋谷20号亩产264.8千克增产6.4%。1998—1999年参加山西省谷子生产试验，平均亩产312.1千克，比晋谷20号亩产283.6千克增产10%。

技术要点

（1）适期播种：冷凉地区地膜覆盖在4月上旬至中旬播种；中熟地区5月15—25日播种；复播区腾地后立即播种。

（2）留苗恰到好处当：亩留苗2.2万株，不能低于2.0万株。

（3）施足底肥：应保证亩施1～2立方米农家肥，与化肥一次底施。

（4）及时防治钻心虫：在钻心虫严重发生地带，应“早”字当头，及时防治。

（5）及时收获：因该品种质优、易受鸟害，成熟后要及时收获。

适宜地区

该品种生育期112～115天，适宜无霜期150天中熟地区春播及油菜茬复播，或者无霜期170天以上地区麦茬复播，并适宜无霜期135天冷凉地区地膜覆盖。

注意事项

及早防治钻心虫及鸟害。

晋谷29号大田

晋谷 44 号

品种来源

晋谷 44 号（长农 18 × 晋谷 20 号）是山西省农业科学院经济作物研究所选育的中晚熟型高蛋白谷子品种。2008 年经山西省品种委员会审（认）定，审（认）定编号为晋审谷（认）2008002。

特征特性

（1）幼苗紫色，株高 135 厘米，穗形圆筒，穗长 20～23 厘米，穗重 18～20 克，粒重 15 克，千粒重 3 克，白谷黄米。轻感红叶病。

（2）蛋白质高，位于山西省谷子品种之首。经农业部谷物及制品质量监督检验测试中心（哈尔滨）检验，蛋白质 18.16%，脂肪 3.92%，赖氨酸 0.3%，淀粉 60.69%。

（3）高度抗倒、抗旱，植株偏矮、秆粗壮，根系发达。

（4）产量高：连续两年参加山西省区域试验，比晋谷 34 增产 4%～13.4%，平均增产 8.7%。

（5）中早熟，生育期110～120天。

（6）产量表现：2006—2007年连续两年参加山西省谷子区域试验，两年10个点试验平均亩产235.7千克，比对照晋谷34号亩产215.5千克增产8.7%，增产点数达70%。其中，2006年平均亩产201.6千克，2007年平均亩产269.8千克，比对照分别增产4.0%和13.4%。

技术要点

（1）播种期：从5月1日到6月中旬均可以种植，依据当地无霜期条件自择播种期。

（2）播种密度：亩留苗2.2万～2.5万株。

（3）田间管理：播前施农家肥2立方米，浇足底墒水，有条件的地区在孕穗期随灌溉追施复合肥每亩15千克。

（4）确定作为饲料应用情况下，可以多施氮肥有利于提高产量，否则影响品质。

适宜地区

适宜山西省忻州市以南即无霜期140天以上地区春播。

注意事项

合理施用氮肥。

晋谷 44 号大田

汾选3号

品种来源

汾选3号（晋谷21×晋谷20）是山西省农业科学院经济作物研究所育成中早熟优质谷品种。2003年经山西省品种委员会审（认）定，审（认）定编号为国鉴谷2003007。

特征特性

幼苗绿色，株高130厘米，穗长19.5厘米，穗重19.8克，穗形棍棒状，穗码紧实且结实率高，穗粒重16.0克，出谷率达80%，千粒重2.9～3.1克，白谷黄米。该品种具有早熟、优质、高产、多抗四大特点。早熟：生育期85～105天；优质：获全国第四届“优质米”奖，小米色黄喜人，米饭黏糊喷香；高产：一般亩产350～450千克；多抗：抗旱、抗病性强。

技术要点

（1）选择无霜期120～140天冷凉区春播以及山西省中部麦茬、油菜茬复播。

（2）早播是栽培重点，无论麦茬复播或者冷凉区春播，都要求突出早播。注重春播重墒抢播，麦茬保证底墒浅播。

（3）留苗密度要求春稀夏密：冷凉区春播每亩留苗密度在3万株左右。麦茬复播每亩留苗4.5万株左右。

（4）为确保品质要求重施羊粪，一次性施足底肥，每亩不少于2立方米底肥，磷肥50千克，严禁单施氮肥，否则严重影响其品质。

适宜地区

由于该品种早熟、优质，非常适合不能种植优质谷晋谷21号、晋谷29号的生育期短的冷凉地区春播和山西省中部麦茬、油菜茬复播。在山西省临川、盂县、寿阳、静乐等地春播，或在汾阳、孝义、平遥、太谷、介休等地麦茬、油菜茬复播，深受农民欢迎。

注意事项

适时早播。

汾选 3 号大田

汾选 8 号

品种来源

汾选 8 号（8610 × 晋谷 21 号）山西省农业科学院经济作物研究所选育的中晚熟优质糯性品种。2009 年通过国家品种委员会审（认）定，品种审（认）定编号为国品鉴谷 2009015。

特征特性

幼苗浅绿色，叶鞘浅绿，生育期 110～129 天，株高 133 厘米，穗长 23 厘米，穗重 19.6 克，穗呈纺锤形，穗码松，穗粒重 15.4 克，出谷率 78.2%，千粒重 2.8 克，黄谷黄米。品质糯性，经农业部谷物品质检验测试中心分析，直链淀粉 0.24%，胶黏度 188 毫米，碱硝指数 4 级，均达糯粟米一级优质标准。含粗蛋白 11.47%，粗脂肪 4.05%，达优质米指标。该品种是酿造黄酒、米醋的上乘原料，而且适宜制作腊八粥、年糕之类的食品等。该品种 2007—2008 年参加西北部中晚熟区域试验平均亩产 266.4 千克，平均比对照增产 2.58%。

技术要点

（1）间苗注意留黄绿苗，清除其他色泽的幼苗。

（2）选择低洼沟地及一水地种植糯性佳。

（3）重施圈肥 2.5 立方米 / 亩。

（4）成熟后及时收获，防落粒。

适宜地区

适宜北京市门头沟区、山西省春播区、陕西省延安市、甘肃省等地无霜期 150 天以上地区种植。

注意事项

成熟后易脱粒，应及时收获，防止落粒。

汾选 8 号示范田

晋谷 54 号

品种来源

晋谷54号（晋谷21号×晋谷20号）是山西省农业科学院经济作物研究所选育的优质富硒一级优质米品种。2012年经山西省品种委员会审（认）定，审（认）定编号为晋审谷（认）2012003。

特征特性

幼苗叶色绿，叶鞘紫色。一般年份单秆不分蘖，特殊年份茎基部有2～3个分蘖，主茎高158～170厘米，茎秆节数16节，叶色绿色，叶片数16片，短刚毛，穗长23～25厘米，穗棍棒形，穗码松紧适中，主穗重28～32克，穗粒重22～25克，千粒重3.1克，出谷率77%，谷色白，米色黄，出米率72%，粳性。生育期125天，根系健壮、发达，田间生长整齐一致，生长势强。抗旱及耐瘠薄性强，轻感红叶病。农业部谷物品质检验测试中心分析，蛋白质11.23%，脂肪4.28%，直链淀粉13.98%，钙161毫克/千克，铁 36.88 毫克 / 千克，锌 30.29 毫克 / 千克，硒 44.78 微克 / 千克，维生素 B_1 为 0.51 毫克 /100 克，胶稠度 125 毫米，糊化温度 50℃。2010—2011 年，参加山西省中晚熟区域试验，两年 13 点次 100% 增产，平均亩产 254.9 千克，比对照平均增产 8.3%。其中，2010 年参试点 7 个均表现增产，平均亩产 251.3 千克，比对照晋谷 34 号增产 7.1%，居试验第四位；2011 年参试点 6 个均表现增产，平均亩产 258.5 千克，比对照长农 35 增产 9.4%，居试验第一位。

技术要点

（1）合理施肥技术：深秋重施圈粪要求每亩不少于2立方米，拔节抽穗期每亩增施复合肥15千克。

（2）宽窄行种植技术：播种时采用宽窄行，宽行1.3尺（约0.43米），窄行0.7尺（约0.23米），亩留苗 2.5 万株。

（3）充分利用宽行作用：抽穗期在宽行内进行施肥（每亩追复合肥 15 千克）；灌浆期在宽行内进行浅耕保墒防秕增粒。

适宜地区

适宜无霜期 150 天以上地区春播。

注意事项

成熟后易脱粒，应及时收获，防止落粒。

晋谷 54 号示范田

晋谷 57 号

品种来源

晋谷 57 号（沁州黄 × 晋谷 21 号）是山西省农业科学院经济作物研究所选育的晚熟型优质富硒一级优质米品种。2013 年经山西省品种委员会审（认）定，审（认）定编号为晋审谷（认）2013003。

特征特性

幼苗绿色，主茎高 164.2 厘米，穗长 28.9 厘米，穗呈纺锤形，支穗密度 3.65 个 / 厘米，穗码松紧适中。穗重 23.5 克，穗粒重 17.82 克，出谷率 75.8%，千粒重 2.6 克，白谷黄米，米色金黄，适口性好，白发病发病率为 1.56%，为中抗白发病品种，轻感红叶病，但高抗黑穗病、谷锈病、谷瘟病等其他病害，综合性状表现好，抗逆性强，丰产稳产，适应性强，生育期 123 天。经农业部谷物及制品质量监督检验测试中心（哈尔滨）化验，粗蛋白含量 14.37%，超过国家一级优质米标准（12.5%），粗脂肪 3.44%，赖氨酸 0.28%，与优质米晋谷21号赖氨酸含量相同。碱硝值3.6级，胶稠度125毫米，含钙11.5毫克/100克，铁4.25毫克/100克，锌27.1毫克/千克，硒0.064毫克/千克，直链淀粉占脱脂样品的17.85%。粳性，适口性细光滑，在全国第九届优质食用粟评选中被评为一级优质米。

技术要点

（1）播种时间：春播区在5月10—20日播种，夏播区在6月20—30日播种。

（2）播种方式：可采用耧播、机播，行距33厘米左右。

（3）留苗密度：春播每亩留苗2万～2.3万株。

（4）合理使用多效唑：苗期雨水多时，在拔节初期喷施多效唑，预防狂长后期倒伏。

（5）增施底肥：春播区多为干旱梯田坡地，十年九旱，后期追肥困难，播种前施足底肥，每亩施800千克有机肥、25千克复合肥。

（6）苗期管理技术要点：播种后，及时喷施除草剂谷友（单嘧磺隆），防杂草，出苗时，及时查苗，4～5叶期及时间苗，同时防控钻心虫、蚜虫。

适宜地区

适宜无霜期 150 天以上地区春播。

注意事项

春播区播种前底肥施用量要足。

晋谷 57 号大田

晋汾 02

品种来源

晋汾 02（87-160/148 × 85-31）是山西省农业科学院经济作物研究所选育的中晚熟优质富硒一级优质米品种。2013 年经国家品种委员会审（认）定，审（认）定编号为国鉴谷 201310。

特征特性

幼苗绿色，单秆不分蘖株高 158.6 厘米，穗长 17.7 厘米，穗重 20.9 克，穗呈筒形，穗码松紧适中，穗粒重 16.3 克，出谷率 78.1%，千粒重 3.0 克，白谷黄米。抗逆性较强，抗倒性为 2.5 级，耐旱性为 0 级，谷锈病、谷瘟病均为 1.5 级，纹枯病均为 1 级，黑穗病、线虫病未发生，白发病发病率为 10.12%，红叶病发病率为 6.9%，蛀茎率为 1.75%。从两年的试验结果看，该品种综合性状表现好，抗逆性强，稳产，适应性强，生育期 128 天。2010—2011 年参加国家区试，两年平均亩产 301.7 千克，平均比对照长农 35 号增产 3.11%，居两年参试品种第一位。2012 年该品种参加了生产试验，平均亩产 320.3 千克，平均比统一对照长农 35 号增产 4.89%，居参试品种第三位，4 点试验中，3 点增产。经农业部谷物及制品质量监督检验测试中心（哈尔滨）化验，晋汾 02 粗蛋白含量 13.57%，粗脂肪 2.41%，赖氨酸 0.24%，碱消值 3.8 级，胶稠度 116.5 毫米，含铁 5.65 毫克 /100 克，锌 30.7 毫克 / 千克，硒 0.078 毫克 / 千克，维生素 $B_1$0.27 毫克 /100 克，α- 维生素 E 0.10 国际单位 /100 克。在全国第九届优质食用粟评选中被评为一级优质米。

技术要点

（1）适于无霜期 150 天左右地区春播，无霜期 180 天以上地区麦茬、油菜茬复播。

（2）春播区在 5 月 10—30 日播种，夏播区在 6 月 20 日—7 月 3 日以前播种；每年轮作倒茬，播前施足底肥。

（3）播种前用种子量 3‰的甲霜灵（35%）拌种，预防白发病。

（4）在 3～5 叶期及时间苗，亩留苗密度，春播每亩留苗 2 万～2.5 万株，夏播每亩留苗 3 万～4 万株；尽量不在拔节期追肥，以免徒长后期易倒伏。

（5）在苗期、拔节前后、抽穗开花期及时防治钻心虫、黏虫。

（6）米质优，易鸟害，成熟期注意防鸟害。

适宜地区

山西省中南部地区及陕西省延安市无霜期150天以上地区春播种植。

注意事项

拔节期不宜追肥，以免后期倒伏。及时防治钻心虫及鸟害。

晋汾 02 示范田

陇谷 11 号

品种来源

陇谷 11 号是甘肃省农业科学院作物研究所以 8519-3-2 为母本、DSB98-6 为父本杂交选育而成的中晚熟谷子新品种。2011 年经国家品种委员会审（认）定，审（认）定编号为国品鉴谷 2011003。

特征特性

株型上举，茎秆粗壮无分蘖，幼苗色、成株色均为绿色，纺锤形穗，穗码较紧，短刚毛，黄谷黄米，米质粳性。平均株高 127.8 厘米，茎粗 1.15 厘米，主茎可见节数 12.5 节，穗长 26.9 厘米，单株穗重 32.9 克，单穗粒重 26.2 克，千粒重 4.1 克，单株草重 32.0 克，出谷率 79.6%，出米率 81.8%。该品种抗旱性较强，抗倒伏；抗谷子黑穗病，人工接种黑穗病发病率仅 6.56%；抗除草剂拿扑净。粗蛋白 160.9 克 / 千克，粗脂肪 46.4 克 / 千克，赖氨酸 3.56 克 / 千克。

技术要点

（1）适时播种，合理密植：甘肃省中部地区，陇谷 11 号春播适宜播期 4 月 25 日前后，陇东地区可推迟至 5 月上旬播种。一般该品种适宜种植密度为 2.5 万～3.0 万株 / 亩，高水肥条件地区可控制在 3.0 万～3.5 万株 / 亩。

（2）施足底肥，增施追肥：春播前亩施农家肥 2 000～4 000 千克，尿素 10～15 千克，磷肥 20～25 千克，适宜的氮磷比是 1：（0.45～0.65）。

（3）加强田间管理：要及时间苗、定苗；要及时防治病虫害，亩用甲基异柳磷药液 0.25 千克或粉剂 2.5 千克进行土壤消毒，可有效防治地下害虫，可保全苗壮苗；严防麻雀为害。

适宜地区

适宜甘肃省白银、定西、平凉、天水和庆阳等市海拔 1 900 米以下谷子产区种植。

注意事项

适时播种，合理密植，加强田间管理。

陇谷 11 号大田

陇谷 13 号

品种来源

陇谷 13 号是甘肃省农业科学院作物研究所以坝谷 245 做母本、皋兰小凉谷做父本杂交选育而成的中晚熟谷子新品种。2014 年经国家品种委员会审（认）定，审（认）定编号为国品鉴谷 2014007。

特征特性

幼苗紫色，成株色浅紫色，株型下披，刺毛短；生育期 124 天，株高 155.8 厘米，穗长 22.5 厘米，穗重 24.2 克，穗纺锤形，穗码紧，穗粒重 18.7 克，出谷率 76.7%，千粒重 3.1 克，白谷黄米，米质粳性。该品种综合性状优良，抗病性强，抗旱，结实性较好。该品种是高脂肪含量的优异品种，米质干基粗蛋白质含量为 13.25%，粗脂肪含量为 5.29%，粗淀粉含量为 74.15%，赖氨酸含量为 0.29%。

技术要点

（1）适期播种：正茬春播适宜播期 4 月 10

日—5月10日，最适播期4月20日前后，夏播复种临界播期6月20日前。

（2）合理密植：旱地种植建议留苗密度2.0万～3.0万株/亩，水地留苗密度3.5万～5.0万株/亩，复种留苗密度3.0万～4.0万株/亩。

（3）增施肥料：根系发达，不倒伏，丰产潜力大，施足底肥，配方施肥，有利于增产。

（4）加强田间管理：宜早间苗、适时定苗，以培养壮苗，保证苗齐。田间病虫害应及早预防，及时防治。有条件的地区，在全生育期进行灌溉以利增产增收。

适宜地区

适宜在山西省灵丘县、大同市，内蒙古（内蒙古自治区，全书简称内蒙古）赤峰市，呼和浩特市，宁夏（宁夏回族自治区，全书简称宁夏）西吉县、固原市，以及甘肃省白银市、定西市、平凉市、天水市和庆阳市等地海拔1 900米以下谷子产区种植。

注意事项

适时播种，合理密植，加强田间管理。

陇谷 13 号大田

公谷 76 号

品种来源

公谷 76 号（830026-7 × 长谷 2 号）是吉林省农业科学院作物所选育的优质谷子品种。2013 年经吉林省品种委员会审（认）定，审（认）定编号为吉登谷 2013001；2014 年经国家品种委员会审（认）定，审（认）定编号为国品鉴谷 2014002。

特征特性

幼苗芽鞘浅红色、幼苗叶片绿色，秆高 135.1 厘米。籽实圆形，深黄色，种皮粗糙，千粒重 3.0 克。穗呈长筒状，穗长 24.1 厘米，单穗粒重 19.8 克，刺毛长度中等，穗松紧中等。抗谷子白发病，抗谷瘟病，中抗黑穗病，适应性强。蛋白质含量 9.64%，脂肪 3.91%，赖氨酸 0.27%，直链淀粉 16.90%，胶稠度 117.5 毫米，维生素 B_1 3.7 毫克 / 千克，微量元素硒 0.010 毫克 / 千克，整米率 97%，出米率 80%。从出苗至成熟 120 天左右。

技术要点

（1）适期播种：4 月下旬至 5 月上旬播种。条播行距 60～70 厘米。

（2）合理密度：保苗密度 4 万株 / 亩。

（3）苗期管理技术要点：4～5 叶间苗。苗期注意防治粟芒蝇、黏虫、玉米螟等。黏虫的药剂防治：黏虫幼虫在 3 龄以下，用 90% 敌百虫晶体或 20% 氰戊菊酯乳油 2 500 倍喷雾，每亩用药 40 千克。

适宜地区

适宜吉林省中西部地区种植。

注意事项

适时播种，合理密植，加强田间管理。

公谷 76 号示范田

公矮 5 号

品种来源

公矮 5 号（矮 88 × 四谷 2 号）是吉林省农业科学院作物所选育的中晚熟谷子品种。2007 年经吉林省品种委员会审（认）定，审（认）定编号为吉登谷 2007001；2013 年经国家品种委员会审（认）定，审（认）定编号为国品鉴谷 2013013。

特征特性

幼苗、叶片均绿色，叶鞘浅红色，株高 117.5 厘米。穗呈长筒状，穗长 25.1 厘米，单穗粒重 14.1 克，穗松紧中等，刺毛长度中等。籽实圆形，谷黄色，米黄色，种皮粗糙，千粒重 3.1 克。从出苗至成熟 124 天左右。抗白发病、谷瘟病，抗黑穗病，适应性强。谷黄色，米黄色，粳性。蛋白质含量 10.62%，脂肪 2.37%，赖氨酸 0.22%，直链淀粉 19.84%，胶稠度 116 毫米，糊化温度 2.08（碱消指数级别），维生素 B_1 含量 3.8 毫克 / 千克，微量元素硒 27.09 微克 / 千克，整米率 98%，出米率 80%，外观品质好，适口性佳。

技术要点

（1）播种：4 月下旬至 5 月初播种，亩保苗 4.4 万株。

（2）施足底肥：底肥施磷酸二铵 10 千克 / 亩，拔节期追肥尿素 10～14 千克 / 亩。

（3）田间管理：播种时撒毒谷，防治地下害虫，6—7 月注意防治黏虫，生育后期注意防治玉米螟。

适宜地区

适宜于吉林省中西部地区种植。

注意事项

合理密植，生育后期注意防治玉米螟。

公矮 5 号大田

冀谷 31

品种来源

河北省农业科学院谷子研究所选育。以冀谷19为母本，1302-9为父本，有性杂交选育而成。2009年12月通过国家鉴定。审（认）定编号为国品鉴谷2009010。

特征特性

幼苗绿色，在冀中南夏播生育期89天，株高121厘米。纺锤形穗，穗子偏紧；穗长21.5厘米，单穗重13.4克，穗粒重11克，千粒重2.7克；抗倒性为1级，抗旱性、耐涝性为1级，中感谷锈病，抗谷瘟病、中抗纹枯病，白发病、红叶病、线虫病发病较轻。该品种籽粒褐红色，较黄粒品种鸟害轻。籽粒含粗蛋白11.43%，粗脂肪3.44%，淀粉69.3%，赖氨酸0.254%，色氨酸0.09%，锌41.4毫克/千克，铁28.7毫克/千克，钙132毫克/千克，磷0.319%，维生素 B_1 0.67毫克/千克，维生素E 2.32国际单位/100克。米色金黄，煮粥黏香、省火，国家一级优质米。平均亩产350千

克左右。该品种不仅能够化学间苗、化学除草，省工省时，并且具有优质、高产、适合机械化收获、鸟害轻等特点。

技术要点

（1）播种：在冀鲁豫夏谷区适宜播期为6月15—25日，行距0.35～0.4米，亩播种量0.8～1.0千克，北京市以南太行山区春播适宜播期5月20日至6月10日，行距0.4米，亩播种量0.75千克。

（2）田间管理：播种后出苗前每亩喷施除草剂谷友（单嘧磺隆）120克，对水50千克，防治双子叶杂草、控制单子叶杂草，出苗后12天左右喷施与谷种配套的日本进口的12.5%拿捕净，每亩80～100毫升，对水30～40千克，实现谷子化学间苗并杀灭单子叶杂草。注意两种除草剂都要在无风晴天喷施，防止飘散到其他谷田和其他作物上，垄内和垄间都要均匀喷施。该品种适宜亩留苗3万～4万株，播种量严格按品种说明播种，化学间苗后基本达到合理留苗密度。

适宜地区

冀谷31主要适合河北省中南部夏播种植，也可在邯郸、邢台、保定、唐山等地的丘陵山区春播种植。

注意事项

合理密植，正确施用除草剂。

冀谷 31 大田

冀谷 37

品种来源

河北省农业科学院谷子研究所选育。该品种是抗拿捕净除草剂品种，以冀谷 19 为母本，冀谷 31 为父本，回交选育而成。2015 年通过国家鉴定，鉴定编号为国品鉴谷 2015019。

特征特性

幼苗绿色，生育期 94 天，株高 131.93 厘米。在亩留苗 4.0 万的情况下，成穗率 90.01%；纺锤形穗，穗子松紧适中；穗长 22.16 厘米，单穗重 17.14 克，穗粒重 14.27 克；千粒重 2.95 克；出谷率 80.12%，出米率 77.21%；黄谷黄米；熟相好。2015 年在第十一届全国优质米评选会上被评为“一级优质米”。该品种抗旱性 2 级，耐涝性 1 级，抗倒性 2 级，抗锈性 2 级，对纹枯病抗性为 2 级，对谷瘟病抗性为 2 级，白发病、红叶病、线虫病发病率分别为 0.80%、0.59%、0.62%，蛀茎率 0.24%。平均亩产 350 千克以上。栽培要点与冀谷 36 基本相同。

技术要点

（1）播种：在冀鲁豫夏谷区适宜播期为6月15—25日，行距0.35～0.4米，亩播种量0.8～1.0千克，北京市以南太行山区春播适宜播期为5月20日至6月10日，行距0.4米，亩播种量0.75千克。

（2）田间管理：播种后出苗前每亩喷施除草剂谷友120克，对水50千克，防治双子叶杂草、控制单子叶杂草，出苗后12天左右喷施与谷种配套的日本进口的12.5%拿捕净，每亩80～100毫升，对水30～40千克，实现谷子化学间苗并杀灭单子叶杂草。注意两种除草剂都要在无风晴天喷施，防止飘散到其他谷田和其他作物上，垄内和垄间都要均匀喷施。该品种适宜亩留苗3万～4万株，播种量严格按品种说明播种，化学间苗后基本达到合理留苗密度。

适宜地区

适宜在山东省、河南省、河北省夏谷区及冀中南太行山区，山西省晋中，辽宁省南部春谷区种植。

注意事项

合理密植防倒伏。

冀谷 37 大田

旱地谷子膜侧栽培技术

技术要点

（1）整地施肥：覆膜播种前保证地面平整、土粒细碎。播前结合浅耕一次性施足底肥。一般亩施农家肥3 000～4 000千克、尿素15～20千克、普通过磷酸钙25～30千克。地下害虫严重的地块，用种子量0.3%的辛硫磷药剂闷种。方法是加水少许喷洒在种子上，边喷边搅，拌搅均匀，堆起盖好闷种6～8小时，然后摊开晾干待播。

（2）播期与播种量：播期以苗期躲过晚霜冻为原则，根据当地播期适时播种。播量每亩0.8～1.2千克。

（3）种植规格：垄带宽30～35厘米，垄底宽35～40厘米，垄高10厘米，垄间距25厘米左右。每垄两侧各种一行谷子。

（4）起垄与铺膜：一般选用畜力牵引机具，一次完成起垄整形、垄上覆膜、膜侧播种、覆土镇压等工序，选用宽40厘米、厚0.01毫米的地膜。起垄与铺膜要结合进行，垄面无杂物，无大坷垃，膜两边各压土5厘米拉紧压实，使之紧贴垄面。起步时要压紧压实地膜头，行走速度要均匀，深浅一致，膜侧用土压严不露边，一般播种深度3～4厘米。要求条带宽度一致，膜上间隔3～4米压一土腰带，防大风揭膜。盖膜后遇雨及时松土，防止板结。

（5）田间管理：出苗后及时检查出苗情况。在3～4叶期间苗，5～6叶期定苗。定苗株距10～12厘米，要求亩保苗2.5万～3.0万株。拔节、抽穗期对墒情较好、肥力不足地块，可根据长势适量追肥。可选用喷施宝1 500倍液或5克/千克磷酸二氢钾与尿素的混合液，田间常量喷雾，每隔7～10天喷一次，连喷2～3次，促进籽粒饱满。

适宜地区

旱地地区。

膜侧栽培技术示范田

技术来源：甘肃省农业科学院作物研究所

谷子机械化精量播种技术

技术要点

平原区采用与拖拉机配套的多行谷子精量播种机，其中麦茬地使用具有单体仿形功能的免耕播种机，播深均匀一致；丘陵山区小地块采用人畜力牵引的播种机。要求播种机可调播量范围0.2～1.0千克/亩。

1. 间苗、除草

常规品种通过机械精量播种实现免间苗或少间苗，除草按DB13/T 1730—2013《谷田杂草综合防治技术规程》执行；抗除草剂常规品种间苗除草按照DB13/T 1134—2009《谷子简化栽培技术规程》执行，抗除草剂杂交种间苗除草按照杂交种标准执行。

2. 中耕追肥

（1）农艺要求：已采取化学除草措施的地块在苗高35～45厘米时进行中耕施肥，亩追施尿素15～20千克。未采取化学除草措施的地块在苗高15～25厘米时中耕除草一次，在苗高35～45厘米时中耕施肥一次。

（2）农机规范：采用与20～35千瓦四轮拖拉机配套的谷子中耕施肥机，完成行间松土、除草、施肥、培土等工序。丘陵山区小地块采用微耕机或人畜力牵引机具进行作业。中耕后要求土块细碎，沟垄整齐，肥料裸露率≤5%，行间杂草除净率≥95%，伤苗率≤5%，中耕除草施肥深度3～5厘米。

3. 病虫害防治

（1）农艺要求：病虫害防治按DB13/T 840—2007《无公害谷子（粟）主要病虫害防治技术规程》执行。

（2）农机规范：平原区、具备作业条件的丘陵山区可采用中小型拖拉机配套的悬挂喷杆式喷雾机，也可采用人力背负式喷雾器进行作业。喷药机械作业质量符合GB/T 17997—2008《农药喷雾机（器）田间操作规程及喷洒质量评定》要求。

4. 收　获

（1）农艺要求：在蜡熟末期收获。

（2）农机规范：小地块采用分段收获方式，即割晒机割倒后晾晒3天左右后采用脱粒机脱粒；大地块采用谷物联合收割机收获。

（3）割晒：按照谷子割晒机使用说明书的规定进行操作。作业要求：割茬高度≤100毫米，总损失率≤3%；铺放质量90°±20°。

（4）脱粒：按照谷子脱粒机使用说明书进行操作。脱粒机符合DB13/T 1694—2012《谷子脱粒机》性能指标。

（5）联合收获：优先选用切流式谷物联合收获机，更换谷子收获专用分禾器，调整脱粒滚筒与分离筛间隙，调整风机风量，并按照联合收获机使用说明书的规定进行操作。

适宜地区

地势平坦的平原区及个别丘陵地区。

精量播种

技术来源：河北省农业科学院谷子研究所

机械穴播免间苗播种技术

技术要点

利用谷子免间苗精量穴播机（专利号201520769918.2），示范推广谷子机械穴播免间苗技术。

（1）精选谷子原种：用10%的盐水精选谷子原种，提高种子饱满度、发芽率、发芽势，使出苗快、出苗齐、苗壮，是实行精量播种而不会出现缺苗断垄现象首要条件。

（2）机械穴播：配套25～30马力（1马力≈735瓦，全书同）的拖拉机，带动穴播机，滚筒鸭嘴式播种器，内置专用小颗粒种子排种器。随播种器的滚动，随轴带动排种器排种，种子落入鸭嘴所对滚筒内的分种装置，种子进入鸭嘴头，插入播种沟，随鸭嘴头在附属弹簧被压，鸭嘴张开，实现播种，种子落入播种沟下7.0厘米的湿土上，随后由镇压轮在镇压，完成播种。每个播种器可以单独使用，也可以组装成两行或三行蓄力型，还可配置汽油动力机、四行或六行拖拉机带动型的各种穴播机类型。

（3）苗期不间苗，进行正常的中耕、防虫等措施。行距 35 厘米，穴距 20 厘米，亩穴数 9 500 穴，每亩播种 0.25～0.30 千克，每穴平均留苗 3～4 株，亩留苗密度 2.8 万～3.0 万株。

适宜地区

适于吕梁汾阳市、孝义市等地势和地块条件较好的梯田地、垣地。

出苗效果

技术来源：山西省农业科学院经济作物研究所

谷子宽幅渗水地膜覆盖机械穴播免间苗技术

技术要点

（1）精选谷子原种：用10%的盐水精选谷子原种，提高种子饱满度，发芽率、发芽势，使出苗快、出苗齐、苗壮。

（2）精细整地：由于地膜较薄，易被扎破，需要地表无秸秆等杂物。

（3）覆膜播种：开沟、播种、覆膜、打孔、下种、覆土、镇压同步完成；行距44厘米，穴距20厘米，亩穴数7 400穴左右，每穴留苗4～5苗，亩留苗3.0万～3.5万株。

（4）做好苗期管理：地头苗、孔错位处及时放苗，地膜破损处及时盖好，防止被风吹扯破。

（5）及时收获：由于留苗较多，成熟期遇雨、遇风易倒伏，要及时收获。

适宜地区

适于吕梁汾阳市、孝义市等地势和地块条件

较好的梯田地、垣地。

技术效果

技术来源：山西省农业科学院资源与经济研究所、山西省农业科学院经济作物研究所

精量播种少间苗技术

技术要点

（1）精选谷子原种：用10%的盐水精选谷子原种，提高种子饱满度，发芽率、发芽势，使出苗快、出苗齐、苗壮。

（2）单腿精量播种机严格控制下种量：可避免超量播种而增加间苗难度，适于吕梁山区坡地，小地块等复杂土地条件使用；播种量由习惯上的0.75～1.0千克减少到0.35千克左右。

（3）宽行距小株距留苗技术：行距增宽，亩行数减少、株距缩小，间苗减少。在留苗1.5万～1.8万株的基础上，行距由25～30厘米增加为40厘米，株距减小到7～9厘米。

（4）播后苗前除草剂封杀技术：有效去除苗期杂草，减少间苗难度，栽培轻简化。

适宜地区

适于山西省柳林县、石楼县、临县、兴县等吕梁旱薄丘陵山区坡地以及零碎小地块，不适于大中型机械耕作的地方。

技术田间示范

技术来源：山西省农业科学院经济作物研究所

赤峰市谷子高产规范化栽培技术

技术要点

（1）播前准备：春播前整地或秋翻时，随整地将农家肥（鸡、猪、牛、马等自然堆放腐熟粪肥）均匀撒施地面，用量22 500～30 000千克/公顷。

（2）适时播种：采用配套动力30～35马力的2KDSB型双垄开沟全覆膜施肥播种机一体机或功能类似的机械一次性完成双垄开沟、全膜覆盖、施肥、打孔、播种、喷除草剂、铺滴管带、覆土镇压等工序。采用大小垄种植，大垄行距70厘米，小垄行距40厘米，穴距15～24厘米，每穴播3～5粒种子，种子用量1.35～7.50千克/公顷，播种深度3～5厘米。地膜幅宽112～140厘米，内嵌式滴灌管，外径16毫米，壁厚0.3毫米，滴头流量1.4升/小时，滴头间距0.4米。种肥采用长效复合缓释肥，施肥量900～1 200千克/公顷，加施口肥300千克/公顷。随播种利用机械自带打药泵喷洒除草剂，可用50%扑灭津可湿性粉剂1 500～3 000千克/公顷，对水600～750千克/公顷或44%谷友可湿性粉剂1 800～2 100克/公顷，对水600～750千克/公顷。

（3）田间管理：及时查苗、放苗，发现漏种或缺苗断垄时要及时补种，4叶1心至5叶期一次定苗，定苗后用土封严放苗孔，根据品种要求确定每穴留苗数，一般每穴留苗3株左右；及时除去两膜之间的杂草；根据实际情况进行滴灌。

适宜地区

该技术在能够灌溉的坡度较小的地块上使用。

机械化覆膜播种

技术来源：赤峰市农牧科学研究院谷子研究所

一膜两年用留膜免耕穴播谷子栽培技术

技术要点

在保留了地膜覆盖前作根茬和残膜的地块上用谷子穴播机穴播谷子。一膜两年用地膜完整度要求 80% 以上。

（1）土壤肥力及环境要求：土壤耕层 0～20 厘米的有机质含量达到 12～18 克 / 千克，全氮（N）0.8～1.0 克 / 千克，速效磷（P_2O_5）7～10 毫克 / 千克，速效钾（K_2O）100 毫克 / 千克以上。全生育期日照时数应不少于 2 200 小时。全生育期有效积温应不少于 1 800℃，无霜期不少于 140 天。全生育期降水量应不少于 300 毫米。

（2）品种选择：选择生育期稍长、适当偏晚成熟的谷子品种。主要品种有陇谷 11 号、陇谷 13 号、大同 29 号、大同 32 号、张杂谷 5 号、长农 35 号、晋谷 29 号等。

（3）施肥量与施肥方式：播种时施入基肥磷酸二氢铵 10～15 千克 / 亩、尿素 15～20 千克 / 亩。用人工点播器穴播施肥，人工用小粒种子穴播机播种时种子与化肥一同施入，结合降雨撒施后使肥料溶解渗入土壤。

（4）播期、播种量、播种方式、播种要求：中部地区于4月中旬，谷雨前后适时播种；陇东南地区5月上旬播种。播种量根据当地土质情况和当年土壤墒情播种量1.0～1.5千克/亩。一膜两年利用种植谷子的方式有两种：人工用点播器点播、人工用小粒种子穴播机播种，播深5～7厘米，点播后随即踩压播种孔，使种子与土壤紧密结合，或用细沙土、牲畜圈粪等疏松物封严播种孔，防止播种孔散墒和遇雨板结影响出苗。

（5）播种规格及密度：在前茬作物上错位穴播，大垄面行距20厘米播种3行、小垄面行距20厘米播种2行。每穴播种3～5粒，穴距14厘米左右，留苗密度为3.0万～3.5万株/亩，每穴保苗2～3株。

（6）田间管理：出苗后发现缺苗断垄时，可用催过芽的种子进行补种。应及时间苗、定苗，一般在3～5叶期间苗，6～8叶期定苗。定苗后及时防治谷子田间虫害，进行中耕除草，抽穗后要严防雀害，及时收获。

适宜地区

适合广大旱地及气温偏低地区。

穴播效果

技术来源：甘肃省农业科学院作物研究所

黑龙江谷子大垄4行机械化栽培技术

技术目标

（1）谷子大垄4行栽培法比原来小垄栽培法每公顷增加6万～10万株，使单位面积增加株数，提高土地利用率。

（2）扩大绿色面积、提高光能利用率。把原来65厘米小垄改成98厘米大垄，即3垄变2垄，垄上种4行，每公顷保苗66万～70万株。

（3）土壤保墒性能好，提高供水能力。小垄改大垄，减少土壤表面积，使土壤水分散失相对减少，发挥良好的保墒作用。

技术要点

谷子大垄4行就是将过去的3垄（垄距65厘米）合成两大垄，行距98厘米左右，在垄上播4行谷子，小行间距15厘米，中行间距30厘米，大行间距38厘米。

（1）选地要因地制宜，地势较平坦，中上等肥力，避免重茬。

（2）秋耕翻起大垄。最好在秋季进行翻地起垄，要求无漏耕、不重复耕、无垡块、无根茬、垄面细而平整，达到播种状态。

（3）精选良种。选用秆壮、抗逆性强、丰产性能好的品种，播前精选，药剂拌种，阴干待播。

（4）适期精播种4行。谷子大垄4行的播期与当地小垄播期相同，适时早播，采用大垄4行专用播种机，垄上播4行，中间宽行距调到30厘米，两边窄行距为15厘米，每公顷播量在4.5千克。

（5）农化两肥配方施。谷子大垄4行需要增加施肥量，亩施优质农肥1 000千克以上，种肥化肥二铵15千克，硫酸钾5千克，尿素5千克，始花至终花期进行叶面喷肥，促熟增产。

（6）精细管理防病虫。公顷保苗66万～70万株。苗高3～5厘米时间苗，苗期如发现跳甲（地蹦子）为害时，可用2.5%溴氰菊酯（敌杀死），每亩用量225～300毫升，加水25～40千克喷雾，加以防治。苗高8～10厘米时定苗，定苗后，深松一遍。株高30厘米左右时拔一次大草。田间管理要及时，一定要注意防治病虫草害。6月中旬至7月上旬如有黏虫及玉米螟为害时，每公顷可用1 125～1 500毫升50%马拉硫磷乳剂1 000倍液喷雾，也可用300～450毫升20%氰戊菊酯乳油 2 000～3 000 倍液喷雾。确保谷子正常生长发育，促进高产。

适宜地区

适合地势平坦，肥力较好的区域。

大垄 4 行效果

技术来源：黑龙江省农业科学院育种研究所

谷子、核桃幼林间作技术

技术要点

在距离幼树树根50厘米处开始播种，一般在4米的空余条带，种植3米宽，种谷8～9行，谷子行距35～40厘米，采用精量穴播或地膜覆盖等技术播种。

适宜地区

适合山西省汾阳市、孝义市等经济林木发展地区。

谷子拔节期

技术来源：山西省农业科学院谷子研究所

蝼蛄、蛴螬防治技术

为害特征

地下害虫主要在苗期为害。蝼蛄在土里穿行，咬食刚发芽的种子或由基部切断谷苗造成死苗，谷苗断裂处为乱麻状，另外蝼蛄在土壤表层穿掘隧道，使根系吊空，造成成片死苗，谚语就有“不怕蝼蛄咬，就怕蝼蛄跑”之说。蛴螬栖居土中，啃食萌发的种子，咬断幼苗的根、茎，断口整齐平截，可造成田间缺苗。

技术要点

（1）农业防治：一是深翻土壤，精耕细作，破坏害虫滋生的环境；二是调整茬口，合理轮作，减轻其为害；三是合理施肥，猪粪厩肥等农家有机肥，必须经充分腐熟后方可施用，可减轻为害；四是早春铲除地头、地边的杂草，并带到田外及时处理或沤肥，能消灭一部分卵和幼虫。

（2）药剂防治：一是拌种。用 50% 辛硫磷乳油 0.5 千克，加水 20～25 千克，拌种子 250～300 千克，均匀喷洒，摊开晾干后即可播种。二是毒土。用48%乐斯本防治地下害虫，每亩用150毫升拌细沙土15～20千克。还可以用75%辛硫磷或20%除虫菊酯等乳剂，分别以1∶300与1∶2 000的比例拌成毒土，每亩20～25千克撒于垄台苗眼附近。三是毒饵诱杀蝼蛄，用90%晶体敌百虫30倍液，拌炒香的玉米面，加青菜叶，于傍晚撒于植株周围土上。

注意事项

正确施用杀虫剂，及早治理，能有效防治虫害。

蝼蛄田间为害

蛴螬田间为害

技术来源：山西省农业科学院谷子研究所

粟灰螟防治技术

为害特征

谷子苗期受害后造成枯心株；谷株抽穗后被蛀，常常形成穗而不实，或遇风雨，大量折株造成减产，成为春谷区的主要蛀茎害虫。粟灰螟在山西省太原市一年发生2代，以老熟幼虫为主，集中在谷茬内，少数在谷草内越冬。6月初羽化，第一代卵初期为6月上旬，为害盛期在6月下旬到7月上旬，7月下旬始见第二代幼虫，应抓住幼虫钻蛀前进行防治。

技术要点

（1）农业防治：结合秋耕耙地，拾烧谷茬，并集中烧毁，减少越冬虫源。及时拔除枯心苗，减少扩散为害。

（2）药剂防治：用药最佳时期是卵盛孵期至幼虫蛀茎之前。当谷田每500株谷苗有卵1块或1 000株谷苗累计有5个卵块时，应马上用50%的1605乳油100毫升，加少量水后与20千克细土拌匀，顺垄撒在谷株心叶。或用4.5%高效氯氰菊酯乳油1 500倍液对茎秆部位喷雾。

注意事项

正确施用杀虫剂，及早治理，能有效防治虫害。

粟灰螟田间为害

技术来源：山西省农业科学院谷子研究所

糜米苦荞黄酒加工技术

原料配方

糜米、苦荞等原料，糜米以糯质为佳，花椒、酒母、糖化酶、冰糖等辅料。

技术要点

（1）原料选择：经过脱壳处理的优质糜米和苦荞米，颗粒整齐，大小均匀，无杂质，无霉变，无虫蛀，糜米支链淀粉含量高者好。

（2）浸泡：用冷水（要求符合饮用水标准，最好是经过处理的软化水）浸泡，用量为混合米总量的2倍，浸米时间为1～2天，手捏无硬心即可。

（3）蒸米：使用蒸汽夹层蒸煮锅，常压蒸煮1小时，蒸煮过程中喷洒花椒水，使米饭外硬内软、内无生心。

（4）糖化：将蒸熟的混合米打碎，晾冷至30℃，加酒母、糖化酶，揉匀，入发酵罐，密封糖化。

（5）发酵：加酒母、花椒水，加枸杞、灵芝、银耳等一种或多种营养品干制品，混合均匀，密封，发酵，品温控制在20℃以下，每天搅拌一次，使混料均匀，发酵温度上下一致，直至半个月，然后静止发酵15～25天。

（6）过滤：发酵结束，利用离心分离机把饮料液体和渣子分离开来，让液体在低温下静置2～3天，吸取上清液再经膜过滤机过滤，然后通过超高温瞬时杀菌机，杀灭液体中的酵母、酶和细菌，趁热罐装，并严密包装，二次灭菌后，生产出成品。

技术来源：山西省农业科学院经济作物研究所、山西大学

汾州香小米快餐粥加工技术（一）

原料配方

小米（以晋谷21号等大粒小米原料为佳）和南瓜、糯玉米等辅料，无杂质、无虫害、无霉变；添加剂均为食用级，使用量、残留量和使用范围符合GB 2760—2014《食品安全国家标准　食品添加剂使用标准》。

技术要点

（1）小米经过蒸煮熟化后再经真空冷冻干燥制得小米粒。

（2）小米和辅料等经预处理后进行喷雾干燥制得小米全粉。

（3）将小米粒和小米全粉按比例合理调配、包装、制成小米快餐粥产品。

（4）将制得的小米快餐粥用开水冲泡2～3分钟或煮沸1分钟即可食用。

技术来源：山西省农业科学院经济作物研究所

汾州香小米快餐粥加工技术（二）

原料配方

优质小米、南瓜、红枣等原料，赖氨酸、硒化卡拉胶等强化剂，琼脂等辅料。

技术要点

（1）将琼脂配制成溶液，浓度控制在0.1%～0.2%。

（2）将南瓜、红枣等营养物去皮、去瓤（核），切块，烘干，然后超微粉碎制得南瓜粉、红枣粉等。

（3）在南瓜粉、红枣粉中加入赖氨酸、硒等强化营养元素溶于制备好的琼脂溶液中，制成膏状。

（4）将制好的营养膏状体涂膜于小米表层，混合搅拌均匀。

（5）通过20分钟左右烘干，控制小米水分含量在13%以下易于保存。

技术来源：山西省农业科学院经济作物研究所

富硒、高赖氨酸发芽谷物饮料加工技术

原料配方

以小米副产物碎米为主要原料，要求无虫害、无霉变、无杂质；生产中所需的各种酶由天津市诺沃生物技术有限公司提供。

技术要点

（1）南瓜预处理：主要操作包括整理、分级、洗涤、去皮等。

（2）浸泡、磨浆或粉碎：为了增加表面积，加快酶促反应的进行，提高取汁率，将原料浸泡磨浆或粉碎至过40目筛。

（3）蒸煮：使原料中淀粉充分糊化，破坏淀粉颗粒，舒展淀粉分子；破坏蛋白质结构，有利于酶促反应，加快液化速度。

（4）加酶酶解液化：利用淀粉酶及蛋白酶降解大分子物质成小分子物质，使可溶性物质增多，提高提取率，并易于消化吸收，此过程对产品品质也有很大影响。

（5）灭酶：酶促反应后须加热灭酶，使各种酶失活。

（6）过滤：利用离心机将米汁与米渣分离。采用低速离心，转速3 000转/分钟，时间10分钟。

（7）均质：采用400千克以上压力均质。

（8）灭菌：为了增加饮料的保质期，采用1×10^5帕高压灭菌。

技术来源：山西省农业科学院经济作物研究所

第二章
高粱篇

晋杂102号

品种来源

是由山西省农业科学院高粱研究所选育的早熟酿造高粱杂交种，2009年通过全国高粱品种鉴定委员会鉴定，2013年通过内蒙古自治区农作物品种审定委员会审定。

特征特性

早熟区试点生育期123天，株高195.5厘米，穗长30.8厘米，穗粒重93.0克，千粒重29.3克。国家高粱早熟组区域试验平均亩产576.6千克，比对照敖杂1号增产20.3%。经农业部农产品质量监督检验测试中心品质分析，籽粒粗蛋白含量9.18%、赖氨酸0.32%、粗淀粉73.64%、单宁1.28%。

适宜地区

适宜在辽宁省北部、吉林省南部、内蒙古南部、山西省西北部等地区种植。

技术要点

4 月下旬至 5 月上旬播种，亩播种量 1.5 千克，播深 3～4 厘米，一般在 4～5 叶期间苗，留苗 7 500 株 / 亩为宜。

晋杂 102 号穗部

晋杂104号

品种来源

是由山西省农业科学院高粱研究所选育的酿造高粱杂交种，2010年通过全国高粱品种鉴定委员会鉴定。

特征特性

南方试点生育期113天，株高169.6厘米，穗长35.2厘米，穗粒重69.4克，千粒重26.8克，抗高粱丝黑穗病。全国区域试验平均亩产427.4千克，比对照增产23.5%。生产试验平均亩产408.5千克，比对照增产24.8%。经农业部农产品质量监督检验测试中心品质分析，籽粒含粗蛋白8.51%、粗淀粉74.64%、单宁1.10%、赖氨酸0.26%。

适宜地区

适宜在湖南、贵州、四川、重庆、湖北等地区种植。

技术要点

一般在5厘米地温稳定在10℃以上时播种，亩播种量1.5千克。播前灌足底墒水，施足底肥，播深可根据土质情况掌握在3～4厘米。一般在4～6叶期间苗、定苗。合理密植，留苗7 000～8 000株/亩为宜。

晋杂104号穗部

晋糯 3 号

品种来源

是由山西省农业科学院高粱研究所选育的糯质酿造高粱杂交种，2013 年通过全国高粱品种鉴定委员会鉴定，鉴定编号为国品鉴粱 2014010。

特征特性

南方试点生育期 120 天，幼苗绿色，株高 167.8 厘米，穗长 33.4 厘米，穗粒重 67.9 克，千粒重 27.4 克，褐壳红粒，纺锤形穗，穗型中散。全国高粱品种酿造组区域试验平均亩产 435.1 千克，比对照泸糯 13 号增产 9.3%，比对照两糯一号增产 16.1%；生产试验，平均亩产 444.8 千克，比对照泸糯 13 号增产 4.9%。丝黑穗病自然发病率为 0，接种发病率两年平均 5.7%。经农业部农产品质量监督检验测试中心品质分析，籽粒含粗蛋白 9.56%、粗淀粉 74.38%（支链淀粉占总淀粉 97%）、单宁 1.01%、粗脂肪 3.44%。

适宜地区

适宜在四川省、重庆市、贵州省、湖南省、

湖北省等地的高粱产区种植。

技术要点

在我国南方高粱区，春播移栽区3月下旬到4月中旬播种，夏直播区不迟于5月下旬，适当浅播，播种深度3厘米左右，净作种植密度为6 000～8 000株/亩。施肥要重施低肥，增施有机肥，早施追肥，拔节前施完全部肥料。中等肥力田块，一般每亩施2 000～3 000千克有机肥、10～12千克纯氮、5～6千克五氧化二磷。

再生高粱种植，留茬高度以近地面2个节3～4厘米为好。第一季收后，立即进行中耕，每亩追施发苗肥尿素8～10千克，促进新根早发。

晋糯3号示范田

晋杂 22 号

品种来源

是由山西省农业科学院高粱研究所选育的酿造高粱杂交种，2008 年通过山西省农作物品种审定委员会认定。2013 年被汾酒集团命名为汾酒 1 号，是目前酿造高端汾酒的专用品种。

特征特性

生育期 129 天，株高 167 厘米，穗长 28 厘米，穗宽 13 厘米，籽粒扁圆，红壳红粒，穗呈纺锤形，中散穗，千粒重 29 克，穗粒重 81.6 克。该品种抗旱、抗倒性好，对高粱丝黑穗病免疫。山西省区域试验平均亩产 615.3 千克，比对照种晋杂 12 号增产 7.8%。经农业部农产品质量监督检验测试中心品质分析，籽粒含粗蛋白 9.49%、粗脂肪 4.1%、粗淀粉 74.66%、单宁 1.38%。

适宜地区

适宜山西省忻州市以南春播中晚熟区及夏播区、内蒙古南部等地种植。

技术要点

一般应在4月下旬至5月上旬播种，亩播种量1.5千克，留苗7 500株/亩为宜。

晋杂22号高产示范田

晋杂34号

品种来源

是由山西省农业科学院高粱研究所选育的适应机械化栽培的酿造高粱杂交种，2013年通过山西省农作物品种审定委员会认定。

特征特性

生育期131.2天，株高135.4厘米，穗长32.2厘米，穗宽13厘米，穗呈纺锤形，红壳红粒，籽粒扁圆，穗粒重90.5克，千粒重28.3克。该品种次生根发达，田间生长整齐一致，生长势强，幼苗绿色，叶片绿色，叶脉白色。适宜机械化栽培种植。

适宜地区

适宜在山西省及华北地区等高粱产区种植。

技术要点

播前采用施肥机每亩一次深施复合肥50千克，有条件的地块加施农家肥。4月底5月初播种，机播播种量为0.5～0.7千克/亩，播种深度3～5厘米。播种后出苗前，喷施除草剂40%莠去津。适宜密植，亩留苗10 000～12 000株。拔节后20～30天浇拔节水。开花后10天，每亩追施磷酸钾肥10千克。霜降后机械化收获。

晋杂34号宽垄种植

红茅粱 6 号

品种来源

红茅粱 6 号是国家高粱改良中心河北分中心、河北省农林科学院谷子研究所选育的糯高粱品种，2015 年通过河北省登记，科技成果登记号为 20150561。

特征特性

夏播生育期 110 天左右，株高 180～220 厘米、穗长 25 厘米，芽鞘浅紫色，幼苗绿色，穗型中散，穗形圆筒，红壳红粒，粒形圆形，千粒重 18～19 克，穗粒重 45 克，着壳率 2%。该品种抗倒伏、抗旱性强，耐盐碱性、耐涝性强。在河北、山东、河南三省区域试验中，平均亩产 363 千克。籽粒含粗淀粉 68.59%（支链淀粉占总淀粉 100%）、单宁 2.1%。

适宜地区

适宜在天津市、河北省、山东省等高粱产区种植。

技术要点

播种期：4 月下旬至 6 月中旬均可播种，麦茬播种不能晚于 6 月 20 日，稀播、匀播，亩播种量 0.4 千克，50 厘米等行距种植；春播播种前期浇地，底墒要足，保证出苗整齐，麦茬播种，墒情不足可浇蒙头水。

种植密度：净作亩植 6 000～8 000 株，3～5 叶注意疏苗。

田间管理：重施底肥，和种子一起播入土中，亩施高粱专用肥 40 千克；注意防治钻心虫，春播时注意防治地下害虫和苗期害虫，避免使用有机磷农药。

适时收获：开花后 45 天左右，籽粒变硬，水分降低到 20% 左右时，用联合收割机收获，收后及时晾晒。

红茅粱 6 号生产田

赤杂 28

品种来源

由赤峰市农牧科学研究院选育的早熟酿造高粱杂交种。2010 年通过内蒙古审定，审定编号为蒙审粱 2010001 号。

特征特性

生育期 120 天左右，株高 174 厘米，芽鞘紫色，叶脉白色，穗长 24.3 厘米，穗形圆筒形，籽粒圆形，黑壳，红粒，千粒重 24.1 克。内蒙古区试试验，平均亩产 608.74 千克，比对照敖杂 1 号增产 12.77%；生产试验，平均亩产 546.27 千克，比对照敖杂 1 号增产 13.56%。抗高粱丝黑穗病。籽粒含粗蛋白 8.39%、粗脂肪 3.57%、粗淀粉 74.27%、单宁 1.83%、赖氨酸 0.22%。

适宜地区

适宜在≥ 10℃活动积温 2 600～2 800℃的区域种植，种植敖杂 1 号的地区均可种植。

技术要点

播期和密度：一般应在地温稳定在 10℃时播种为宜，播深可根据土质情况掌握在 3 厘米左右，播后及时镇压。一般密度为 7 500～8 000 株 / 亩。

施肥：种肥亩施磷酸二铵 7.5 千克、钾肥 5 千克，种肥切忌与种子接触。结合中耕亩追施尿素 15～20 千克。

田间管理：幼苗 3 叶期疏苗，松苗培土，5～6 叶期定苗，7～8 叶期松土锄地，12～14 叶期追肥中耕。不要打分蘖，分蘖穗能正常成熟。

赤杂 28 穗部

辽杂 37

品种来源

是由辽宁省农业科学院高粱研究所选育的早熟、适于机械化栽培的酿造高粱杂交种。2012 年通过全国高粱品种鉴定委员会鉴定，鉴定编号为国品鉴粱 2012004。

特征特性

春播早熟区试点平均生育期 114 天，株高 174.2 厘米，穗长 27.4 厘米，穗粒重 87.6 克，千粒重 28.1 克，着壳率 9.5%，红粒。全国高粱品种春播早熟组区域试验，平均亩产 648.0 千克，比对照敖杂 1 号增产 18.8%，比对照四杂 25 增产 6.7%。该品种抗旱耐瘠薄，抗叶病，活秆成熟，高抗丝黑穗病。籽粒含粗蛋白 10.61%、粗淀粉 75.38%、单宁 0.90%、赖氨酸 0.29%。

适宜地区

吉林省的长春、白城、公主岭地区；黑龙江省的哈尔滨、肇源地区；内蒙古的赤峰、通辽地区；辽宁省以南夏播复种区。

技术要点

播期：依据当地气候条件确定播期，温光充足地区可适当晚播，辽宁省在6月25日左右夏播复种为宜。

密度：每亩9 000株。

施肥：每亩施农家肥3 000千克左右作底肥，亩施磷酸二铵10千克作种肥，适当施用钾肥，追肥每亩施用20～25千克尿素。

病虫草害防治：播种时用毒谷防治地下害虫，及时防治黏虫、蚜虫和螟虫。使用莠去津、金都尔除草剂，慎用其他除草剂。

收获：人工蜡熟末期及时收获，机械化收获在籽粒水分20%左右进行。

辽杂37示范田

辽粘3号

品种来源

由辽宁省农业科学院高粱所选育的糯质酿造高粱杂交种，2008年通过全国高粱品种鉴定委员会鉴定，鉴定编号为国品鉴粱2008013。

特征特性

南方试点平均生育期116天，株高169.5厘米，穗长31.8厘米，褐壳，红粒，纺锤形，中紧穗，抗叶病，抗倒伏，抗鸟害，抗高粱丝黑穗病。全国高粱品种酿造组区域试验，平均亩产446.2千克，比对照青壳洋增产48.3%；生产试验，平均亩产426.1千克，比对照增产46.3%。籽粒含粗蛋白8.14 %、粗淀粉78.09%、单宁1.47 %、赖氨酸0.14%。

适宜地区

适宜在我国的辽宁省大部分地区，以及四川、重庆、贵州、湖南、湖北等省市种植。

技术要点

播期：该杂交种在一般肥力土壤均可种植，依据当地气候条件确定播期，温光充足地区可适当晚播。

密度：每亩种植 7 500～8 000 株。

施肥：每亩施农家肥 3 000 千克左右作底肥，亩施磷酸二铵 10 千克作种肥，适当施用钾肥，追肥亩施 20～25 千克尿素。

病虫草害防治：播种时用毒谷（即辛硫磷拌的谷子）防治地下害虫，及时防治黏虫、蚜虫和螟虫。使用莠去津、金都尔除草剂，慎用其他除草剂。

收获：蜡熟末期及时人工收获。

辽粘 3 号示范田

吉杂 124

品种来源

是由吉林省农业科学院作物研究所选育的酿造高粱杂交种。2008 年通过全国高粱品种鉴定委员会鉴定，品种鉴定编号为国品鉴粱 2009001。

特征特性

春播早熟区试点生育期 119 天，幼苗和芽鞘绿色，株高 165 厘米左右，穗长 29.2 厘米，中紧穗、长纺锤形，籽粒椭圆形，红壳红粒，千粒重 28.8 克，穗粒重 91.6 克，着壳率 4.7%，角质率 40%。籽粒含粗蛋白 10.12%、粗淀粉 74.38%、单宁 0.90%、赖氨酸 0.32%。抗旱性强，抗叶病，高抗丝黑穗病。国家春播早熟组区域试验，平均亩产 608.4 千克，生产试验亩产 587.9 千克。

适宜地区

适宜在吉林省的松原市、白城市、长春市地区，黑龙江省第一积温带和内蒙古的东部等地区种植。

技术要点

播期和密度：一般在5月上旬至5月中旬播种，要求土壤10厘米耕层地温稳定在10℃以上，土壤含水量在15%～20%为宜。亩播量0.4～0.5千克，亩留苗7 500～8 000株。

虫害防治：播种时用毒谷（即辛硫磷拌的种子）防治地下害虫，及时防治黏虫和玉米螟。

化学除草：播种后出苗前每亩用38%莠去津悬浮液300～350克，对水30～50千克，用喷雾器均匀喷洒于地表。

田间管理：重施底肥，亩施复合肥50千克、尿素15千克。

吉杂124

吉杂 127

品种来源

由吉林省农业科学院作物研究所选育的酿造高粱杂交种，2009 年通过全国高粱品种鉴定委员会鉴定，品种鉴定编号为国品鉴粱 2009013。

特征特性

春播早熟区试点生育期 125 天，需要≥10℃活动积温 2 500～2 600℃。株高 164.1 厘米，穗长 26.9 厘米，中紧穗、纺锤形，叶色浓绿，叶片上举，茎秆较粗壮，籽粒椭圆形，红壳红粒，千粒重 28.9 克，穗粒重 86.3 克，着壳率 6.4%，角质率 30%。该品种抗倒伏，抗蚜虫，抗叶病，对高粱丝黑穗病 3 号生理小种免疫。全国春播早熟区区域试验，平均亩产 598.9 千克；生产试验，平均亩产 664.6 千克。籽粒含粗蛋白 8.76%、粗淀粉 76.52%、单宁 0.81%、赖氨酸 0.18%。

适宜地区

适宜在吉林省的松原市、白城市、长春市地

区，黑龙江省第一积温带，内蒙古的东部地区及河套地区等种植。

技术要点

同吉杂 124。

吉杂 127

吉杂 210

品种来源

由吉林省农业科学院作物研究所选育的酿造高粱杂交种。2008 年通过全国高粱品种鉴定委员会鉴定，品种鉴定编号为国品鉴粱 2009002。

特征特性

春播早熟区试点生育期 119 天，平均株高 168.7 厘米，穗长 24.7 厘米，穗粒重 86.2 克，千粒重 28.8 克，着壳率 4.9%，角质率 35.0%，中紧穗，圆筒形，红壳红粒。该品种高抗高粱丝黑穗病，抗叶斑病。全国春播早熟区区域试验，平均亩产 581.5 千克；生产试验，平均亩产 550.1 千克。籽粒含粗蛋白 10.14%、粗淀粉 73.54%、单宁 1.22%、赖氨酸 0.321%。

适宜地区

适合吉林省的白城市、松原市、长春市的部分地区，黑龙江省第一积温带和内蒙古的东部等地区种植。

技术要点

同吉杂 124。

吉杂 210

龙杂10号

品种来源

由黑龙江省农业科学院作物育种研究所选育的早熟优质酿造高粱杂交种，2008年通过黑龙江省农作物品种审定委员会登记推广，品种登记号为黑登记2008002。

特征特性

黑龙江试点生育期117天左右，需要≥10℃活动积温2 450℃。株高135厘米，穗长33厘米，穗粒重88克，长纺锤形中紧穗，芽鞘绿色，叶色深绿，深红色壳，红褐色圆形粒，千粒重28克。该品种耐密植，抗倒伏，高抗高粱丝黑穗病和叶部病害。黑龙江省区域试验，平均亩产607.6千克，比对照品种敖杂1号增产16.4%；生产试验，平均亩产646.0千克，比对照增产18.4%。籽粒含淀粉71.79%、单宁1.31%、粗蛋白10.43%。

适宜地区

适宜黑龙江省第一积温带及第二积温带上限

地区种植。

技术要点

播种及密度：一般在土壤5厘米深度温度达到10℃以上时播种。为防止粉种和黑穗病的发生，可催芽播种或药剂拌种。机械播种时要做到精量播种。65厘米垄上双行播种，人工间苗可留拐子苗，株距10厘米，每亩保苗1万株。

化学除草：在播种后、出苗前或出苗后两个时期进行化学除草。可用的药剂成分有阿特拉津、异丙甲草胺及2,4-D丁酯等。

施肥：播种时每亩施入磷酸二铵10千克，注意种子和肥料不能直接接触。拔节前每亩追施尿素10千克。

田间管理：4～5叶期及时定苗，及时铲蹚管理。注意防治黏虫和蚜虫。

龙杂10号

龙杂 17 号

品种来源

由黑龙江省农业科学院作物育种研究所选育的特早熟、矮秆、适宜机械化栽培的酿造高粱杂交种。2015 年通过黑龙江省农作物品种审定委员会登记推广，品种登记号为黑登记 2015010。

特征特性

黑龙江试点生育期 100 天左右，需 ≥ 10℃活动积温 2 080℃左右。株高 108 厘米，穗长 22 厘米，筒形穗，穗形上散下中紧，深红色壳，椭圆形红褐色粒。幼苗顶土能力较强，分蘖力较强。叶片相对窄小，蜡脉，叶片深绿色。黑龙江省区域试验，平均亩产 508.5 千克，比对照品种绥杂 7 号增产 10.7 %。生产试验，平均亩产 559.8 千克，比对照增产 10.6%。籽粒含淀粉 74.19%，单宁 1.48%。

适宜地区

适宜在黑龙江省第三、第四积温带地区种植。

技术要点

播种：一般在土壤5厘米深度温度达到10℃以上时播种。为防止粉种和黑穗病的发生，可催芽播种或药剂拌种。机械播种时要精量播种。

合理密植：可在65厘米垄上双行播种，或110厘米垄上3～4行播种，也可在130厘米垄上6行播种。保苗2万株/亩。

施肥：播种时每亩施入磷酸二铵10千克，注意种子和肥料不能直接接触。拔节前每亩追施尿素10千克。

田间管理：注意防治黏虫和蚜虫。可在完熟期人工收获或在籽粒含水量降到20%以下时机械收获。

龙杂17号

龙米粱1号

品种来源

由黑龙江省农业科学院作物育种研究所选育的早熟优质食用高粱杂交种。2015年通过黑龙江省农作物品种审定委员会登记推广，品种登记号为黑登记2015012。

特征特性

黑龙江试点生育期110天左右，需≥10℃活动积温2 400℃左右。株高165厘米，穗长31厘米，长纺锤形紧穗；籽粒黄壳圆形白色粒。幼苗顶土能力较强，株形收敛，叶片蜡脉，叶色深绿色。黑龙江省区域试验，平均亩产530.7千克，比对照品种龙杂13号增产12.4 %；生产试验，平均亩产606.5千克，比对照增产10.9%。籽粒含粗蛋白11.63%、赖氨酸0.30%、淀粉70.53%、单宁0.01%。

适宜地区

适宜在黑龙江省第一、第二积温带地区种植。

技术要点

同龙杂 10 号。

龙米梁 1 号

红缨子

品种来源

由仁怀丰源育种中心利用当地品种小红缨子选育而成的酿酒高粱常规品种，是目前贵州茅台酒唯一指定的地方性有机高粱种子。2008 年通过贵州省农作物品种审定委员会审定，品种审定编号为黔审粱 2008002-1。

特征特性

春播生育期 130 天左右，夏播 120 左右。株高 2.4 米左右，地上部分伸长节 8～9 节，叶色浓绿，总叶片 13 叶左右，叶宽 7.2 厘米；散穗形，穗长 38 厘米左右，穗粒数 2 800 左右，颖壳红色，籽粒红褐色，易脱粒，千粒重 19 克左右；籽粒含单宁 1.68%、淀粉 70% 左右（支链淀粉占总淀粉 90%）；糯性好，玻璃质含量高，种皮厚，耐蒸煮，出酒率高；亩产一般 400 千克左右，高产可达 600 千克 / 亩。

适宜地区

适宜在我国西南地区海拔 1 150 米以下区域

春播，海拔950米以下区域夏播。

技术要点

适宜育苗移栽，育苗播种期在3月下旬至4月下旬，每亩用种量0.5千克。4～7叶期移栽，移栽密度在6 000～10 000株/亩，土肥条件好的地块适当稀植，土壤肥力低的地块适当密植。每亩施1 000千克农家肥作底肥，每亩追肥1 000千克清粪或沼液。蜡熟后期采收，及时脱粒晾晒。

红缨子

金糯粱 1 号

品种来源

由四川省农业科学院水稻高粱研究所、泸州金土地种业有限公司共同选育的酿酒糯高粱杂交种。

特征特性

春播全生育期 124 天。株高 138.6 厘米，穗长 35.6 厘米，穗粒重 61.9 克，千粒重 25.3 克，芽鞘绿色，幼苗绿色，穗纺锤形，中散穗，红壳红粒，胚乳糯质。丝穗黑病抗性接种鉴定评价为 3 级（抗）。多点试验平均亩产 424.1 千克，比对照青壳洋高粱增产 33.4%，四川省生产试验平均亩产 401.1 千克，比对照青壳洋高粱增产 29.4%。籽粒含粗蛋白 8.95%，总淀粉 73.86%，支链淀粉占总淀粉的 98.3%，单宁 1.13%。

适宜地区

适宜在四川省平坝、浅丘及丘陵地区种植。

技术要点

土壤温稳定通过12℃即可播种，川南地区春播在3月上中旬，稀播匀播，移栽叶龄在6～7叶，净种9 000～10 000株/亩，间套作5 000～6 000株/亩，重施底肥，早施追肥，亩用纯氮10～12千克，多施有机肥，氮磷钾肥配施。注意防治蚜虫、穗螟和鸟害，避免使用有机磷农药。

高粱全程机械化栽培技术

技术要点

（1）播前准备：高粱忌连作，轮作年限在2年以上。前茬作物收获后及时秋深耕晒垡，耕翻深度25～30厘米。结合机械化秋耕每亩施腐熟有机肥2～3立方米。播种前旋耕做到无大土块和残茬，表土疏松，地面平整。选择经国家、省审（鉴、认）定的，适宜当地条件，株高150厘米左右、穗柄稍长、主茎分蘖高度基本一致的高粱品种。

（2）精量播种：当5厘米地温稳定通过10～12℃、土壤相对含水量70%～80%时播种。每亩播种量为0.5～0.8千克。采用机械化条播，等行距（50～60厘米）或宽窄行（宽行距60～70厘米，窄行距30～40厘米）种植。播种深度3～4厘米。每亩种植11 000～13 000株。

（3）科学施肥：采用播种施肥机施肥，每亩施用相当于缓（控）肥氮（N）10～15千克、磷（P_2O_5）5～10千克、钾（K_2O）5～8千克、锌（$ZnSO_4 \cdot 7H_2O$）1千克。

（4）化学除草：播种时，每亩采用机械化

喷施38%莠去津水悬浮剂120～150克，对水45～50千克。

（5）中耕培土：拔节期用中耕机进行中耕培土1次。宽窄行种植模式在宽行中耕。

（6）联合收获：在籽粒达到完熟期、叶片枯死后进行机械化收获。一次性完成收割、脱粒、卸粮等作业流程。

适宜地区

地势平坦、耕层深厚、肥力均匀、排灌良好的耕地，具备机械化作业的高粱种植区均可。

机械化收获

技术来源：山西省农业科学院农业环境与资源研究所、山西省农业科学院高粱研究所

酿造专用高粱栽培技术

技术目标

针对我国不同酿造专用高粱种植区。其中，早熟种植区域的无霜期达115天以上，≥10℃的积温2 100℃以上，年降水量在400毫米以上；中晚熟种植区域的无霜期达150天以上，≥10℃的积温3 500℃以上，年降水量在500毫米以上。根据气候光热资源条件，配套高产栽培技术，实现酿造专用高粱规模化种植。

技术要点

（1）整地施肥：在前茬作物收获后5～7天内进行耕地，耕深25厘米以上，土壤封冻前进行旋耕、耙平、镇压作业，耕前每亩撒施腐熟有机肥2 000～3 000千克、缓释肥50千克。

（2）适期播种：当土壤耕层5厘米地温稳定通过10～12℃时播种。早熟品种每亩播量为0.60～0.65千克，中晚熟品种每亩播量为0.40～0.45千克。机播、耧播均可，有条件的地区可采用精量播种技术；种植模式为等行距（50

厘米）或宽窄行（宽行距70厘米，窄行距30厘米）。播深达3～5厘米。矮秆、叶窄耐密的品种每亩留苗10 000～11 000株。高秆、叶宽稀植的品种每亩留苗7 000～8 000株。

（3）田间管理：在播种后出苗前及时喷施化学除草剂，使用38%莠去津悬浮剂320～380克/亩或者50%异丙甲草胺·莠去津悬浮剂150～200克/亩对水32升喷施。中耕除草1～2次，土壤墒情足的地块，可于高粱9片展开叶时，每亩追施尿素10～15千克。

（4）浇拔节水和开花灌浆水：土壤墒情不足田间持水量的70%时，有灌水条件的地块，可于11～13片展开叶时浇拔节水，灌水量应在70立方米/亩；抽穗灌浆期浇灌浆水70立方米/亩。

（5）病虫害防治：选用抗病性强的品种，合理轮作倒茬，及时拔除田间病株。合理适时采用频振式杀虫灯或诱虫板诱杀害虫。保护利用自然天敌，合理使用生物农药防治。丝黑穗病：采用6%戊唑醇悬浮种衣剂6～9克拌100千克高粱种子。地下害虫：用35%甲基异柳磷乳油0.05%药液拌种防治。蚜虫：每亩用6%啶虫脒150毫升，加48%油性毒死蜱100克，加10%纯吡虫啉50克，加水30升，田间喷雾。螟虫：每亩选用20%

氰戊菊酯乳油或者2.5%溴氰菊酯乳油18毫升对水50千克防治1～2次，或者用100亿活芽孢/克苏云金杆菌制剂250～300克/亩喷雾或毒土防治。

（6）适时收获：蜡熟末期机械联合收获。

适宜地区

适宜我国高粱早熟和中晚熟区耕层深厚、肥力均匀、保水保肥、排灌良好的耕地。

精量条播

技术来源：山西省农业科学院高粱研究所、山西省农业科学院农业环境与资源研究所

盐碱地酿造高粱高产栽培技术

技术要点

（1）大田准备：选择地势平坦，耕层深厚，排灌良好，轮作年限在3年以上的轻度和中度盐碱耕地。前茬作物收获后及时秋深耕晒垡，耕翻深度25～30厘米。每亩地表撒施脱硫石膏1 000～1 500千克，施以腐殖酸、含硫化合物和微量元素为主的土壤改良剂100～150千克。冬灌或春灌，每亩灌水60～80立方米。轻度盐碱地遇干旱时适当灌溉。结合播前旋耕每亩施腐熟有机肥2 000～3 000千克，氮（N）5～7.5千克、磷（P_2O_5）5～10千克、钾（K_2O）3～5千克、锌（$ZnSO_4$）1千克。地膜覆盖种植使用缓效肥料，每亩施氮（N）10～15千克、磷（P_2O_5）5～10千克、钾（K_2O）3～5千克、锌（$ZnSO_4$）1千克。播前旋耕达到无大土块和残茬，表土疏松，地面平整。

（2）品种选择：选择经国家、省鉴（认）定，适宜当地条件，高产、优质、耐盐碱能力强的品种。

（3）播种：当5厘米表土地温稳定在12℃以上、土壤含水量达到田间最大持水量60%～70%时播种。每亩播种量为0.5～1.0千克。采用机械化条播或穴播技术，等行距（40～50厘米）或宽窄行（宽行距60～70厘米，窄行距30～40厘米）种植。播种深度2～3厘米。地膜覆盖采用宽窄行穴播技术种植，宽行60厘米，窄行40厘米，每穴2～3粒种子。

留苗密度：一般情况下留苗密度为7 000～8 000株/亩；矮秆型品种留苗密度为10 000～12 000株/亩。

（4）田间管理：播后苗前，土壤较湿润时，用38%莠去津水悬浮剂喷施。幼苗生长到5～6片可见叶时进行定苗。拔节期至小喇叭口期，结合灌水每亩追施氮（N）5～7.5千克，追施深度6～8厘米，追肥后培土。生育期间特别在孕穗期和灌浆期遇干旱时及时灌溉。高粱成熟后人工或机收。

适宜地区

适宜于我国盐碱化边际低产农田。

覆膜压盐

盐碱地出全苗

技术来源：山西省农业科学院农业环境与资源研究所

旱地粒用高粱覆膜栽培技术

技术要点

（1）大田准备：前茬作物收获后7天内秸秆粉碎还田、秋深耕，耕翻深度25～30厘米，并及时旋耕整地。结合秋耕撒施腐熟有机肥1～2立方米/亩，施缓（控）释肥料氮（N）10～15千克/亩、磷（P_2O_5）6～10千克/亩、钾（K_2O）15～20千克/亩。春天播种前旋耕做到无大土块和残茬，表土上虚下实，地面平整。

（2）品种选择：选择经国家、省审（鉴、认）定的，适宜当地生态条件、生育期长的高粱品种。

（3）播种：可提早播种8～12天。选择厚度在0.010毫米以上的地膜，窄膜宽度一般在800～900毫米，宽膜宽度一般1 200～1 600毫米。早熟、密植品种适宜栽培密度为0.7～0.8千克/亩；晚熟、稀植品种适宜栽培密度为0.5～0.6千克/亩。根据播种宽幅、土壤质地、拖拉机动力等条件选择适宜的开沟施肥垄膜穴播机。每穴点1～2粒，播深3～5厘米。一般情况下留苗密度为7 000～8 000株/亩；矮秆型品种留苗密度为10 000～12 000株/亩。

（4）田间管理：在播种后出苗前及时喷施化学除草剂，每亩用 40 % 莠去津胶悬剂 250～300 毫升，对水 32 升喷施播种行和膜间裸地。防控丝黑穗病采用 5% 烯唑醇拌种剂 300～400 克拌 100 千克高粱种子。防控地下害虫每亩采用 5 % 辛硫磷颗粒剂 2.5 千克播种期撒施。防控蚜虫每亩用 6% 啶虫脒 150 毫升加 10% 纯吡虫啉 50 克，对水 30 升田间喷雾。防控螟虫每亩用 20 % 氰戊菊酯乳油或 2.5% 溴氰菊酯乳油 18 毫升对水 50 千克喷雾防治 1～2 次。蜡熟末期收获。待秋整地后，采用残膜回收机对残膜进行回收。

适宜地区

适宜于我国山旱地、盐碱化等边际低产农田种植。

覆窄膜出苗

覆宽膜出苗

技术来源：山西省农业科学院高粱研究所、山西省农业科学院农业环境与资源研究所

松嫩平原地区高粱机械化栽培技术

技术要点

（1）选茬：高粱不宜连作，但对前茬的要求不严格，大豆、小麦、玉米等都可。但要特别注意农药残留，前茬施用过豆磺隆、烟嘧磺隆（玉农乐、烟磺隆）等对高粱有毒害的地块不能种植高粱。

（2）整地：对于机械化栽培高粱来讲，整地质量的好坏是影响一次播种保全苗的关键因素，也是关系到种植是否成功的重要技术环节。耕地可形成适当的播种床，改良土壤物理环境，清除杂草，但需考虑表土流失及土壤水分的保持。在北方，提倡秋整地。秋天在前茬作物收获后的10天内及时进行深耕，耕深25～30厘米，做到无漏耕；耕翻后耙耱，于上冻前将土壤耙碎、耙平，达到整平耙细的状态。旋耕作业可将翻、耙作业连贯起来。旋耕作业时，深度一般在20厘米以内，旋耕处理过的地表较为松软平整，十分有利于播种。

（3）可同时施入底肥：深耕耙平的土壤应及

时起垄。在北方，秋起垄可避免第二年春季起垄时造成土壤跑墒，有明显的蓄水保墒效果。秋起垄时，可根据土壤肥力状况施入底肥。

（4）起垄后要及时镇压：镇压的作用主要是压碎坷垃，密实土层，减少水分蒸发。在北方，镇压作业在第二年土壤化冻到10～15厘米时进行为宜。通过镇压，有利于土壤耕层以下的水分向上层移动，提高表土的含水量，可缓解春旱现象。

（5）品种选择：要从品种的株型、种子质量、幼苗拱土能力、耐药性、抗性、经济系数、灌浆与脱水速率、落粒性、破损率等多方面考量，选择适合机械化栽培的品种。

（6）适时播种：一般以土壤5厘米处地温保持在10～12℃以上、土壤含水量20%时播种较为适宜。采用条播或点播的精量播种机进行播种。一般45厘米的垄播单行；65～70厘米的垄播双行，株距10厘米。播种镇压后深度一般4～5厘米为宜。随播种随深施肥，种子与种肥之间的距离不能少于10厘米。

（7）化学除草：苗前化学除草在播种后出苗前3天要进行苗前化学除草。苗后化学除草在高粱出苗后5叶期至7期叶期，抗药力较强，使用除草剂较为安全。

（8）追肥：在吉林省，通常在6月下旬至7月上旬高粱拔节前7～10天追肥。追肥以尿素为主，缺钾肥的地块也可同时追施钾肥。

（9）虫害防控：高粱生长后期要注意防治高粱蚜虫、玉米螟和黏虫。应及早发现、及早防治。

（10）收获与贮藏：机械化栽培高粱一般在高粱完熟期以后，籽粒含水量降至20%以下或接近安全水分，最好霜后叶片全部枯死、茎秆水分大部分散失时，采用谷物联合收获机进行收获。留茬高度一般在12～15厘米为宜。

适宜地区

适宜于我国高粱主产区的松嫩平原面积大且适宜机械化栽培技术的流转土地。

起　垄

收　获

技术来源：吉林省农业科学院作物资源研究所

粒用高粱机械化密植栽培技术

技术要点

（1）品种选择：株高150厘米以下，具有较强分蘖能力，中等偏散的穗型。植株上部叶片窄小、上冲，下部叶片披散，旗叶不护脖，穗茎节稍长为好。生育期籽粒的灌浆速度快、脱水快、脱水一致、不早衰。

（2）种植方式：采用垄上双行的种植方式，两行间种植距离为12～15厘米；110厘米垄距，垄上3行或4行，行间距20～30厘米；130厘米或140厘米垄距，垄上6行播种，行间距20厘米。每公顷保苗25万～30万株。

（3）播种：根据品种的千粒重和保苗株数，具体考虑发芽率及土壤整地情况来确定播种量。播种深度为3～5厘米，播种后要及时镇压。

（4）化学除草：化学除草一般在播种后出苗前或出苗后两个时期。药剂成分可选择阿特拉津、异丙甲草胺及2,4-D丁酯等。

（5）施肥：共进行两次施肥。第一次为播种前或播种时施入底肥，可用磷酸二铵或复合肥，用量为200千克/公顷左右，可同时施入钾肥30～40千克/公顷。第二次为拔节前追肥，可结合蹚二遍地时施入尿素，用量为150～200千克/公顷。

（6）收获：下霜后茎秆水分含量较低、籽粒脱水至20%以下再收获，可保证脱粒后的含水量达到要求，并保证脱粒质量。

适宜地区

适用于我国北方土地连片种植农田、种地大户、家庭农场等。

高粱大垄6行种植

技术来源：黑龙江省农业科学院作物育种研究所

果树与高粱间套作高产栽培技术

技术目标

果树、高粱2∶4间套作，利于病虫害防控、机械化收获等作业；果树、高粱合理搭配，避免了林间土地闲置或低产，提高产值。

技术要点

（1）品种选择：株高1.5米以下高粱品种，熟期较早，适于机械化栽培，播种期跨度较大（5月5日至5月30日），便于果树前期管理和后期收获作业。

（2）栽培模式：采取树莓占地2行，高粱占地4行的间套种栽培模式。

（3）栽培技术：依据高粱品种熟期及果树管理要求确定播期；机械化单粒条播，开沟、施肥、播种、覆土、镇压、除草剂喷施一次完成；一次施用N∶P∶K=26∶10∶15的长效肥40千克/亩；高粱籽粒水分在20%左右进行机械收获。

适宜地区

辽宁省及部分省市蓝莓、树莓等矮秆果树种植面积较大，林间空置土地缺乏适宜搭配的作物的地区。

果树与高粱间套作模式

技术来源：辽宁省农业科学院高粱研究所

有机高粱营养设施提早培育壮苗技术

技术要点

（1）晒种：选晴天晒种7～8小时，并翻动2～3次。发芽快，出苗整齐，同时晒过的高粱种子还可以杀灭附着在表面的一些虫卵和病菌，起到防止或减轻病虫害发生的作用。

（2）浸种：将种子放入30～35℃的1%～2%食盐温热水中，浸种12～24小时。

（3）苗床：利用聚乙烯农膜小拱棚提早育苗，育苗时间为2月下旬。选择背风向阳、土壤肥沃、交通方便、靠近水源的沙质土壤做苗床；苗床宽1米，间距0.5米，长度以地块形状安排。苗床使用锄身长0.25～0.27米，锄口宽0.12～0.14米的尖嘴挖锄翻挖，方式为从里向外，从高向低挖，从边沿开始。苗床宽1米，长度不定，由育苗地形状定，苗床间走道宽0.5米，比苗床低5～10厘米。

（4）施肥：按每平方米施腐熟有机肥5千克；整细整平，每10平方米苗床面均匀泼施腐熟的清粪水或沼气液肥100千克。

（5）播种：按10平方米苗床撒200～250克高粱种子进行撒播，使用筛选好的细沙质土壤拌种撒播，均匀撒好后，用备用细土均匀撒施覆盖，不见种子即可，宜薄，不可过厚。

（6）覆膜：拱棚用竹条长2.5米，宽0.04～0.05米。安插拱棚竹条间距0.50～0.60米。用宽2米厚0.04厘米薄膜覆盖，边沿用泥土压实。覆膜后注意小光棚内喷水保湿，及时除杂草，当后期棚内气温超过30℃以上注意及时揭膜通风降温。

适宜地区

我国西南地区高粱产区。

温室育苗

拱棚育苗

技术来源：泸州老窖集团有限责任公司

“重底早追”有机高粱施肥技术

技术要点

（1）定植时采用开沟（或窝）施入全部施肥量的50%作底肥，即50千克/亩用于高粱底肥，另50千克/亩用于追肥。施底肥后覆土5～10厘米再行高粱苗栽植，以免根系直接接触肥料造成烧根、烂根现象。

（2）第二次施追肥。在拔节期施，此期植株茎叶迅速增大，叶面积达到高峰，在这一阶段植株吸收养分数量急剧增加，因此这一时期是高粱施肥关键时期。拔节肥通常在10叶期施用，但也要考虑当年天气、土壤、苗情和肥料种类等具体情况灵活掌握拔节期追肥，常年第二次施肥于5月中旬左右施用，亩追施神农牌有机肥50千克，此次追肥要求距植株5～10厘米开沟或刨窝深施，施肥后及时灌水并配合中耕除草进行窝盘覆土。

（3）农村有沼气液肥的农户在第二次追肥时配合灌水同时施用，亩施用量1 500千克左右沼气液肥。

适宜地区

我国西南地区有机高粱种植基地。

田间出苗

技术来源：泸州老窖集团有限责任公司

西南酱香型特用糯高粱漂盘育苗技术

技术要点

（1）准备漂盘和基质：用聚乙烯聚乙苯塑料泡沫漂盘，每盘160穴，用经认证机构评估通过的基质，或自配基质（充分腐熟的过筛细农家粪肥，与细土按体积比8∶1混合均匀即可）。

（2）播种后漂放：装入盘穴中，每穴播3～4粒种子，用基质盖好种子后放入预先准备好的地膜拱棚内水池中，水中可施入沼液以补充养分。

（3）适时移栽：一般15～20天苗长至3～4叶即可移栽大田。移栽前先将苗移出棚外炼苗2～3天。

适宜地区

由于地膜拱棚保温保水，漂盘育苗适宜有机糯高粱生长的所有种植区域，特别有利于常规育苗条件较差的区域，但成本较高。

漂盘育苗

技术来源：贵州省仁怀市有机农业发展中心

宽窄行移栽高产栽培技术

技术目标

实现合理密植，保证高粱植株的良好光照和通风透气性。

技术要点

宽窄行移栽一般采用拉绳打穴，宽行 60～80 厘米，窄行 25～35 厘米，穴距 20～30 厘米，保证每亩 5 000 穴左右。穴要尽量打大一点、深一点，以便底肥集中深施。移栽时一定要用土隔肥，否则会烧苗。若是撒播苗，一般选基本大小的苗 2～3 株，根部对齐，用小泥团轻压根须至苗正直，然后再掩上少许泥土。若是营养体育苗，将营养体轻放在隔好肥的土上，放正直，掩上少许泥土即可。移栽后亩施清粪水 1 000 千克左右作为定根水。

适宜地区

适宜有机糯高粱生长的所有种植区域。

宽窄行移栽

苗齐苗壮

技术来源：贵州省旱粮研究所、贵州省仁怀市有机农业发展中心

高粱玉米螟防治技术

为害特征

玉米螟属鳞翅目螟蛾科，以幼虫为害，能为害的植物多达215种。幼虫可以为害高粱、玉米的任何部位，但主要是茎部受害。在高粱孕穗之前，幼虫集中于心叶为害，最初表现出许多白色的小斑点，叶子伸展开之后，叶面上出现一排整齐的圆孔。如果为害较为严重，心叶被咬得支离破碎不能展开，则不能正常抽穗，植株生长迟缓。在高粱生育后期主要为害穗柄和茎秆，其蛀入部位多在穗柄中部或茎节处，造成折穗和折茎。蛀孔外部茎秆和叶鞘出现红褐色，影响籽粒灌浆，使粒重下降造成减产。

技术要点

（1）把住播种关，抓好春耕播种期的防治：①种衣剂拌种。用25%粉锈宁可湿粉，按种子用量0.3%～0.5%拌种。②辛硫磷焖种。50%辛硫磷乳油0.5千克，加水20～30千克，均匀洒在选好的200～300千克种子上，边洒药液边拌，充分拌均匀后堆在一起闷3～4小时，在闷种过程中需将种子翻动1～2次，以免种子吸附药液不均产生药害，之后将种子摊开晾干。注意不能在阳光下晾晒，晾干后即可播种。药液闷的种子，当天播不完或遇雨不能播种时必须把种子摊开，不能装在袋子里，避免种子发热，影响发芽。

（2）生物防治：释放赤眼蜂。赤眼蜂是一种卵寄生蜂，目前生产中使用的是松毛虫赤眼蜂。释放赤眼蜂后，赤眼蜂把卵产到玉米螟的卵内，蜂卵孵化为幼虫后，以玉米螟的卵液为养料进行生长发育，将玉米螟消灭在卵期。

（3）物理防治：安装诱虫灯。

（4）药剂防治：25%甲基异硫磷颗粒剂按1∶6拌煤渣，每株2克，撒入高粱心叶中；1.5%辛硫磷颗粒剂按1∶15拌煤渣，每株1克，撒入高粱心叶中；或每亩用250克拌细沙3～4千克，每株1克撒入心叶中。防治玉米螟比较有效的方法是喷灌法，药剂可用异丙磷、异硫磷、甲基1605乳酸水剂，乙基1605乳酸水剂等药剂。最简单的做法是取一空塑料瓶，把药剂掺细沙灌入瓶中，然后在瓶盖上穿一个孔，往高粱喇叭口内喷灌，药剂的使用量和配比可参见生产厂家说明书。

（5）消灭越冬幼虫：在越冬幼虫化蛹、羽化以前，处理越冬寄主，消灭越冬虫源。常用的方法是秸秆铡碎沤肥或作燃料，应先处理虫害严重、越冬幼虫多的秸秆，后处理虫量少的秸秆。

玉米螟幼虫

玉米螟为害叶片状

技术来源：吉林省农业科学院植物保护研究所

高粱黏虫防治技术

为害特征

黏虫幼虫先是潜伏在高粱心叶中，啃食叶肉造成孔洞。为害叶片后，呈现不规则缺刻。大发生时可将作物叶片全部食光，造成严重损失。

技术要点

药剂防治：用0.04%二氯苯醚菊酯粉剂喷粉，用量2.0～2.5千克/亩，或用2.5%溴氰菊酯乳油25毫升加细沙250克制成颗粒剂，250～300克/亩均匀撒施于植株心叶喇叭口中。

注意事项

防治最佳时期在黏虫幼虫3龄前，田间在清晨或傍晚用药。

黏虫幼虫

黏虫幼虫为害状

技术来源：山西省农业科学院经济作物研究所

高粱田杂草防治技术

为害特征

高粱苗期，田间杂草发生快、种类多，杂草与高粱争光、争水、争肥，严重影响高粱的生长。旱作田杂草在高粱田均有发生，高粱田禾本科杂草主要有稗草、马唐、狗尾草、牛筋草等，阔叶杂草主要有藜、反之苋、苍耳、打碗花、田旋花刺儿菜、苣荬菜、马齿苋、龙葵、苘麻等。

技术要点

（1）农业防治：采用播前整地、播后耙地、苗期中耕可有效控制高粱田前期杂草；合理轮作能有效减少土壤中杂草种子的数量，降低次年杂草为害。

（2）化学防治：①高粱播后苗前土壤封闭防治。每亩用38%莠去津悬浮剂300毫升或96%金都尔乳油90毫升对水30千克，均匀倒退喷雾于地表，不可重喷、漏喷。若土壤墒情不好，可适当加大对水量，有机质含量较高应适当加大用药量。②高粱出苗后5～7叶期茎叶防治。每亩用

48% 莠去津可湿性粉剂 160 克及专用助剂 100 克对水 30 千克，均匀定向喷雾于杂草叶片表面。

注意事项

高粱对除草剂比较敏感，应根据田间杂草发生情况认真选用适宜的除草剂品种，并严格按照除草剂推荐用量使用，若用药量过大易产生药害。

土壤处理剂防治杂草效果

茎叶处理剂防治杂草效果

技术来源：山西省农业科学院高粱研究所

第三章

糜黍篇

陕糜 2 号

品种来源

西北农林科技大学从地方品种子洲黄糜子10-55中经系统选育而来。2015年通过陕西省农作物品种审定委员会审定，审定编号为陕糜登字2015002号。

特征特性

粳性。生育期92～93天，中早熟。株高143.1～151.5厘米，主茎节数6.9～7.6节。侧穗，主穗长27.0～36.8厘米，穗重3.1～6.4克，籽粒黄色，单株粒重8.3～10.3克，千粒重7.2～7.8克。籽粒含粗蛋白12.94%，粗脂肪3.18%，碳水化合物78.6%。陕西省区域试验3年平均亩产286.0千克。

技术要点

（1）整地施肥：精细整地，早春及时浅耕，耙耱保墒。结合整地亩施腐熟农家肥1 500千克，根据土壤肥力适当施用氮磷肥。

（2）播种及田间管理：春播、夏播、秋播

均可，正茬播种以6月中下旬为宜。适宜亩播量0.5～1.0千克，亩留苗6万～8万株。苗期及早中耕锄草，加强田间管理。

（3）收获：当全株2/3籽粒成熟，即籽粒变为黄色，呈现本品种固有颜色时收获。

适宜地区

适宜在陕西省榆林市神木县、府谷县，延安市宝塔区等地推广种植。

注意事项

适期早播，增施有机肥，成熟期及时收获防止霜冻。

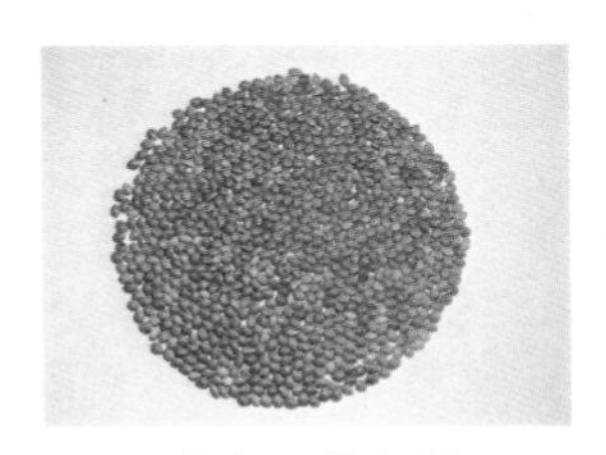

陕糜2号籽粒

陕糜2号大田

陇糜 11 号

品种来源

甘肃省农业科学院作物研究所以系选优系766-11-2-4-4-3为母本，内糜2号为父本有性杂交，经过多年水旱穿梭和多点鉴定育成。2014年通过甘肃省农作物品种审定委员会认定，认定编号为甘认糜2014001。

特征特性

粳性。春播生育期120天左右，夏播生育期75天左右。株型高大，株高140.3厘米左右，分蘖强，幼苗绿色，茎色紫色。散穗，平均穗长32.3厘米，茎粗0.63厘米，主茎可见节数7.35节，株有效穗数1.3个，单株穗重10.6克，单穗粒重8.21克。粒色褐色，千粒重7.7克。籽粒粗蛋白13.18%、粗脂肪3.61%、粗淀粉75.13%。两年多点试验平均亩产247.6千克，最高亩产295.6千克；生产试验平均亩产300千克。

技术要点

（1）整地施肥：结合整地施足底肥，增施追肥，氮磷配合。

（2）播种：夏播复种区抢时早播。旱地春播每亩保苗5万株，旱地复种每亩保苗8.5万株，水地复种每亩保苗14万株为宜。

（3）加强田间管理，严防麻雀为害，成熟后及时收获。

适宜地区

适宜甘肃省白银市、定西市、平凉市、天水市和庆阳市等地海拔1 900米以下糜黍产区春播或复种。

注意事项

夏播复种区应抢时早播；春播区肥料不足的弱苗田要注意早期追肥。

陇糜11号大田

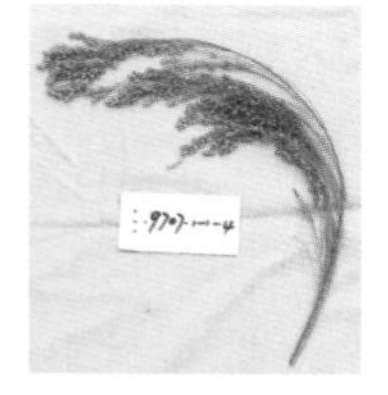

陇糜11号穗部

陇糜12号

品种来源

甘肃省农业科学院作物研究所以单34为母本，系选优系8738-1-1-2-4-2为父本有性杂交选育而成。2016年通过甘肃省农作物品种审定委员会认定，认定编号为甘认糜2016001。

特征特性

粳性。生育期115～123天。株型高大，平均株高163.1厘米，分蘖强。侧穗，穗长34.6厘米，茎粗0.60厘米，主茎可见节数6.3节，株有效穗数1.1个，单株穗重9.24克，单穗粒重7.01克。粒色黄色，千粒重8.5克。两年多点试验平均亩产249.29千克，生产试验平均亩产281.68千克。

技术要点

（1）施肥：旱地春播区亩施农家肥2 000千克、尿素8千克、过磷酸钙25千克；旱地复种区前作收获后及时耕翻，亩施农家肥3 000千克、尿素12千克、过磷酸钙35千克；水地复种区亩施农家肥

4 000 千克、尿素 15 千克、过磷酸钙 50 千克。

（2）播期和密度：春播区 5 月中下旬播种，亩保苗 5 万株；夏播复种区抢时早播，一般在 6 月底或 7 月初播种，播深 5～7 厘米，亩保苗 8.5 万株，水地复种亩保苗 14 万株。

（3）加强田间管理，严防麻雀为害，成熟后及时收获。

适宜地区

适宜在甘肃省庆阳市、平凉市、白银市、定西市、武威市等地及相似生态区海拔 1 650～1 900 米地区春播，海拔 1 200～1 400 米地区复种。

注意事项

夏播复种区应抢时早播；春播区肥料不足的弱苗田要注意早期追肥；高水肥田苗期注意蹲苗，防止倒伏。

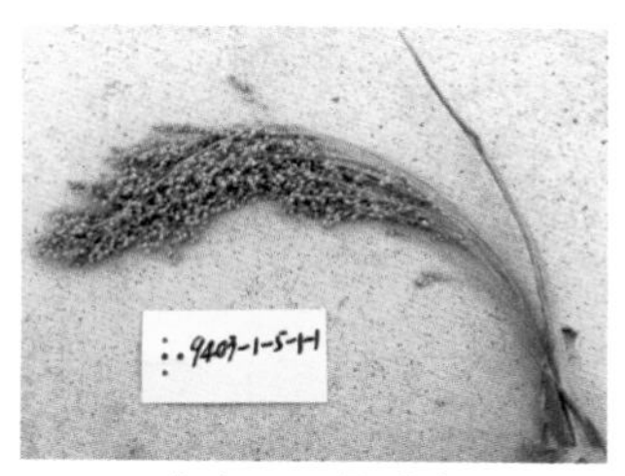

陇糜 12 号穗部

陇糜13号

品种来源

甘肃省农业科学院作物研究所以会宁大黄糜为母本，系选优系8711-1-3-2-2为父本有性杂交选育而成。2016年通过甘肃省农作物品种审定委员会认定，认定编号为甘认糜2016002。

特征特性

粳性。生育期117～126天，株型高大，平均株高165.4厘米，分蘖强。侧穗，穗长35.2厘米，茎粗0.60厘米，主茎可见节数7.1节，株有效穗数1.0个，单株穗重9.29克，单穗粒重6.34克。粒色黄色，千粒重8.0克。两年多点试验平均亩产254.33千克，生产试验平均亩产270.89千克。

技术要点

（1）施肥：旱地春播区亩施农家肥2 000千克、尿素8千克、过磷酸钙25千克；旱地复种区前作收获后及时耕翻，亩施农家肥3 000千克、尿素12千克、过磷酸钙35千克；水地复种区亩施农家肥4 000千克、尿素15千克、过磷酸钙50

千克。

（2）播期和密度：春播区5月中下旬播种，亩保苗5万株；夏播复种区抢时早播，一般在6月底或7月初播种，播深5～7厘米。旱地复种亩保苗8.5万株，水地复种亩保苗14万株。

（3）加强田间管理，严防麻雀为害，成熟后及时收获。

适宜地区

适宜在甘肃省庆阳市、平凉市、白银市、定西市、武威市等地及相似生态区海拔1 650～1 900米地区春播，海拔1 200～1 400米地区复种。

注意事项

夏播复种区应抢时早播；春播区肥料不足的弱苗田要注意早期追肥；高水肥田苗期注意蹲苗，防止倒伏。

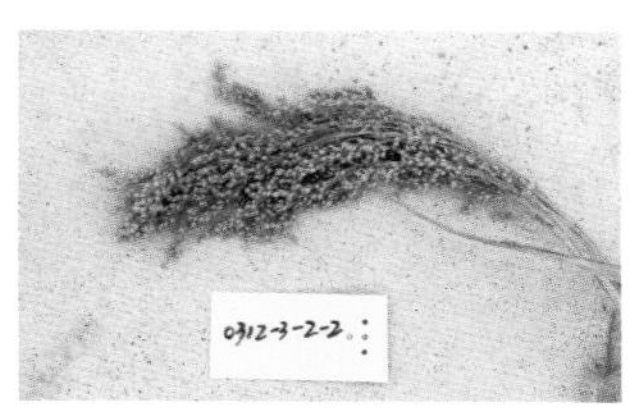

陇糜13号穗部

陕糜1号

品种来源

西北农林科技大学利用地方品种子长红软糜13-3经系统选育而成。2015年通过陕西省农作物品种审定委员会审定，审定编号为陕糜登字2015001号。

特征特性

糯性。生育日数93～95天，属中早熟。株高160.2～162.4厘米，主茎节数7.4～7.7节，侧穗，主穗长33.8～40.7厘米，穗重5.0～7.7克。籽粒红色，单株粒重8.0～12.2克，千粒重6.4～7.1克。抗旱，抗倒伏，耐瘠薄。籽粒粗蛋白12.35%，粗脂肪3.63%，碳水化合物78.3%。陕西省区域试验3年平均亩产271.8千克，生产试验平均亩产287.9千克。

技术要点

（1）整地施肥：精细整地，早春及时浅耕，耙耱保墒。结合整地亩施腐熟农家肥1 500千克、磷酸二铵10千克。根据各地土壤肥力适当施用氮肥、磷肥。

（2）播种及田间管理：春播、夏播、秋播均可，正茬播种以6月中下旬为宜。适宜亩播量0.5～1.0千克，亩留苗6万～8万株。苗期及早中耕锄草，加强田间管理。

（3）收获：当全株2/3籽粒成熟，即籽粒变为红色，呈现本品种固有颜色时收获，注意防止霜冻。

适宜区域

适宜在陕西省神木县、府谷县、定边县等长城沿线区推广种植。

注意事项

适期早播，增施有机肥，成熟期及时收获防止霜冻。

陕糜1号籽粒

陕糜1号大田

固糜22号

品种来源

宁夏农林科学院固原分院以宁糜9号与60-333杂交选育而成。2015年通过国家小宗粮豆品种鉴定委员会鉴定，鉴定编号为国品鉴杂2015005。

特征特性

糯性。生育期104天。株高147.8～161.5厘米，主茎节数7～9节。侧穗，主穗长38.4～39.5厘米，穗重6.3～10.3克，株粒重9.3～14.0克，千籽粒红色，粒重6.9～7.3克。籽粒含碳水化合物66.47%，粗脂肪3.69%，粗蛋白10.58%，水分10.27%。2012—2014年国家区域试验平均亩产263.2千克，2014年生产试验平均亩产257.3千克。

技术要点

（1）施肥：以底肥为主，一般每亩施农家肥2 000千克，磷酸二铵7～10千克。种肥每亩施尿素2.5千克，先撒种肥，后播种子，防止烧苗。

（2）播种：年均温6～7℃半干旱区5月中旬至6月中旬遇雨抢墒播种，年均温≥7℃地区5

月中旬至7月上旬有雨均可播种。亩播量1.5千克，亩保苗8万～10万株。

（3）田间管理：及时破除土壤表层板结，确保全苗。松土除草，防治麻雀为害。

（4）及时收获。注意把握成熟期，早霜来临前及时收获，以防落粒。

适宜地区

适宜在内蒙古赤峰市，陕西省榆林市，山西省忻州市，河北省张家口市，宁夏吴忠市、固原市，甘肃省兰州市、庆阳市，黑龙江省齐齐哈尔市等糜黍种植区域推广种植。

注意事项

旱地在适播期遇雨抢墒播种；种植密度根据土壤肥力和墒情适当调整。

固糜22号穗部

雁黍 12 号

品种来源

山西省农业科学院高寒区作物研究所由伊选黄黍和雁黍 4 号杂交选育而成。2015 年通过国家小宗粮豆鉴定委员会鉴定，鉴定编号为国品鉴杂 2015007。

特征特性

糯性。生育期 102～106 天，中熟。株高 158.0～167.8 厘米，侧穗，穗长 37.2～39.3 厘米，节数 7.3～7.9 节，穗重 7.7～12.4 克，株粒重 9.9～13.1 克，籽粒黄色，千粒重 7.1～8.0 克。籽粒含蛋白质 10.07%，脂肪 4.64%，碳水化合物 66.85%。2012—2014 年国家区域试验平均亩产 254.3 千克，2014 年生产试验平均亩产 206.3 千克。

技术要点

（1）适期播种：山西晋北平川区 5 月下旬至 6 月初播种，但可根据土地墒情适当提前，尤其旱地，要注意赶雨抢墒播种。

（2）田间管理：有机肥、氮肥、磷肥要配合施用；适时中耕，以苗期（5～6叶）和抽穗前中耕为宜。

（3）收获：乳熟期防控鸟害，以蜡熟末期收获最好。

适宜地区

适宜在山西省大同市、内蒙古呼和浩特市、内蒙古达拉特旗、陕西省神木县、宁夏盐池县等地推广种植。

注意事项

加强黑穗病防治，播种时可用福美种双拌种，防治黑穗病发生。

雁黍12号大田

赤黍8号

品种来源

赤峰市农牧科学研究院选育而成，2015年5月通过赤峰市非主要农作物品种登记备案，登记编号为赤登糜2014001号。

特征特性

糯性。出苗至成熟生育期105天左右。幼苗叶片绿色，成熟时叶、茎略紫。平均株高173.8厘米，侧穗，主穗长43.4厘米，单株穗重13.6克，单株粒重9.2克，出谷率79.3%，籽粒白色，千粒重7.8克。2012—2013年区域试验平均亩产285.4千克，2014年生产示范平均亩产320.5千克。

技术要点

（1）种子处理：播前用种子重量0.2%～0.3%的专用种衣剂进行包衣，防治黑穗病；也可用0.5%多菌灵可湿性粉剂进行防治。

（2）播种：在内蒙古中部地区适宜播期为5月中旬；西部山区适宜播期为5月下旬。水肥较好的地块一般要求亩留苗6.5万～8.0万株，旱坡地亩留苗5.0万～6.5万株为宜。苗期及早中耕锄草，加强田间管理。

（3）收获：当全株2/3籽粒成熟，即籽粒变白，呈现本品种固有颜色时收获。

适宜地区

适于内蒙古赤峰市大部及周边地区≥10℃有效积温2 500～2 900℃地区种植。

注意事项

苗期注意蹲苗，促进根系深扎，控制株高；后期控制浇水，防止倒伏。

赤黍8号大田

冀黍2号

品种来源

河北省农林科学院谷子研究所采用EMS化学诱变农家种Z230，结合定向选择方法选育而成。2015年通过河北省科学技术厅组织鉴定，省级登记号为20152919。

特征特性

糯性。夏播生育期69～73天，单株分蘖2.0～2.4个，株高129～151厘米，主茎节数5.9～6.9节，单株穗重9.5～12.2克，单株粒重6.4～8.3克；春播生育期95～104天，单株分蘖1.2～2.0个，株高169.6～200.4厘米，主茎节数7.0～7.4个，单株穗重10.7～14.2克，单株粒重8.1～10.2克。侧穗，穗长35.5～40.5厘米，籽粒红色，千粒重6.9～8.1克。籽粒含淀粉73.82%，蛋白质11.9%，粗脂肪3.5%。2013—2014年河北省区域试验平均亩产250.4千克，2015年生产试验平均亩产246.7千克。

技术要点

（1）施肥：底肥以农家肥为主，有条件的每亩施5～20千克磷酸二铵或多元复合肥，有水浇条件的地块或结合降雨在拔节期至抽穗前可每亩追施5～10千克尿素。

（2）播种：春播一般适宜6月初至6月中旬播种，夏播一般适宜7月初播种，最迟不晚于7月15日。亩播量0.53～0.93千克，亩留苗4万～6万株。

（3）田间管理：3～5叶期间苗和定苗，及时中耕锄草。

（4）收获：一般在穗基部颖壳变黄之前收获为宜，防止收获太晚而落粒或折秆。

适宜地区

适宜在河北省石家庄市、沧州市、保定市等地区夏播种植；河北省张家口市、承德市等地区春播种植。

注意事项

夏播复种区在前茬作物收获后抢时早播；成熟期及时收获。

冀黍 2 号苗期大田

冀黍 2 号穗部

旱地糜黍优质丰产栽培技术

技术要点

1. 三抗——抗旱优良品种、抗旱播种技术和抗旱耕作技术

（1）抗旱优良品种：选用适合当地生态条件的抗旱高产优良品种。

（2）抗旱播种技术：①抢墒播种法。在适宜播种期前后根据土壤墒情适时抢墒播种。②套耧沟播法（舲干种湿）。当土壤表层水分不足，而下层有墒能播种时采用。③深沟接墒浅播法。采用深耧播种，留沟不耱，顺沟镇压。④镇压提墒播种法。当表土 10 厘米左右缺乏糜黍生长所需水分且土块过大底墒不足时，镇压可碎坷垃，减少压苗现象。此外，还有沟垄种植、干土寄种、催芽播种、顶凌播种等抗旱播种方法，各地可根据情况选用。

（3）抗旱耕作技术：深翻纳墒，即前茬作物收获后及时深翻，使雨水利于下渗；雨后及时浅中耕保墒，减少大气蒸发；地膜覆盖种植、秸秆覆盖种植等均可减少水汽蒸发，起到保墒、增温作用。

2. 两增——合理增加密度，合理增施肥料

（1）合理增加密度：陕西省东北部地区留苗可增至4万～6万株/亩；陕西省西北部地区留苗可增至8万株/亩。

（2）合理增施肥料：主要是增施有机肥，可施有机肥2 000～3 000千克/亩。

3. 一防控——病虫害绿色防控

选用抗病虫品种、种子包衣、播前晒种和轮作倒茬等农业措施减少病虫发生；一旦有病虫发生优先选用对症的生物农药或高效、低毒、低残留农药。

适宜地区

适用于我国北方长城沿线及同类生态区，缓坡地、川台地、梯田地均可应用。

旱地糜黍抽穗期

技术来源：西北农林科技大学

糜黍膜下滴灌技术

技术要点

（1）设备：灌溉设备包括首部枢纽、地下主支管道、地上主支管、地膜、滴灌带。地膜厚度要求0.008毫米以上，幅宽70～75厘米。

（2）地膜及滴灌带铺设：采用机械化作业，铺设滴灌带、施肥、覆膜、播种、覆土及镇压一次性完成，滴灌带铺设在膜下行中间，滴灌管一头连接到辅管，另一端封堵。

（3）水肥管理：播种时土壤墒情差，播后及时进行滴灌补水。田间灌溉用真空负压计指导滴灌，负压计插入土壤20厘米深处，在拔节抽穗期，当读数上升到-30千帕时开始灌溉，至-15千帕停止灌溉；灌浆期当读数上升到-25千帕时开始灌溉，至-10千帕时停止。追肥前要求先滴清水15～20分钟，再加入肥料；追肥完成后再滴清水30分钟。田间追肥采用压差式施肥罐，提前溶解好的肥液或液体肥加入量不应超过施肥罐容积的2/3，注满水后，盖上盖子并拧紧螺栓，打开施肥罐水管连接阀，调整出水口闸阀，开始追肥，每罐肥需要20～30分钟追完。追肥亩用量15千克。

（4）滴灌设备维护：滴灌时逐一放开滴灌带和主管的尾部，加大流量冲洗；定期清理过滤装置。

（5）收获：穗部变黄，籽粒变为其品种固有颜色并硬化后，穗基部籽粒用指甲刚好能划破时采取联合机械收获。

适宜地区

适宜在糜黍产区具有良好水源、灌溉基础条件较好的平坦地块应用。

膜下滴灌示范田

技术来源：山西省农业科学院高寒区作物研究所、内蒙古赤峰市农牧科学研究院

旱地糜黍留膜免耕穴播栽培技术

技术要点

（1）品种选择和种子处理：甘肃地区可选择陇糜系列优良品种。种子精选后先用种子量0.1%～0.2%的45%辛硫磷乳油闷种3～4小时，然后用50%多菌灵按种子量0.5%拌种。

（2）施肥：播前结合整地亩施农家肥3 000千克，磷酸二氢铵5～8千克作基肥；拔节抽穗期亩追施尿素4～6千克，灌浆期叶面喷施磷酸二氢钾500克/亩。

（3）播种：甘肃中部地区春播适宜播期5月上旬，东部地区晚春播适宜播期5月中下旬。夏播复种应在7月10日前播种。适宜亩播种量1～1.5千克。用小粒种子精量穴播机播种，行距20厘米，播深3～5厘米，穴粒数5～7粒，穴距14厘米，亩保苗5.0万～6.5万株。

（4）田间管理：出苗后发现缺苗断垄时，应及时补种。3～5叶期间苗，6～8叶期定苗。结合间苗和定苗进行中耕除草、培土。注意防治病虫害。

（5）收获贮藏：粒色变为本品种固有色泽，

籽粒变硬时及时收获。脱粒的籽粒晾晒至种子含水量的12%～13%时贮藏。

适宜地区

适宜在糜黍全生育期降水量在300毫米以上的半干旱、半湿润偏旱地区应用。

留膜免耕穴播示范田

技术来源：甘肃省农业科学院作物研究所

宁夏旱作区糜黍丰产栽培技术

技术要点

（1）品种选择：宁夏糜黍产区可选宁糜系列品种，或选择当地高产优质良种作为生产用种。

（2）整地施肥：前茬作物收获后秋深耕20厘米以上，春耕土壤干旱时要浅耕耙耱保墒，石磙镇压提墒。结合秋耕进行秋施肥，亩施农家肥2 000千克，顺犁沟溜施碳铵50千克/亩、磷酸二铵10千克/亩。播种时亩溜施尿素5千克，要求做到种肥隔离。拔节后抽穗前，结合降雨，亩撒施尿素5千克。

（3）播种：播种前晒种2～3天，用种子重量0.3%的拌种双（拌种灵·福美双）拌（闷）种防治糜子黑穗病，也可用0.5%多菌灵可湿性粉剂进行防治。在宁夏中部地区适宜播期为6月上中旬，南部山区适宜播期为5月中旬至6月上旬。采用条播法，行距30～33厘米。一般播深4～6厘米，墒情好宜浅播，深4厘米左右，轻镇压或不镇压；墒情差时应适当深播，播深6厘米左右，播后镇压。亩播种量控制在1千克左右，为了保证全苗，可适当增加播种量，但不超过1.5千克/亩。

（4）田间管理：出苗后7～10天，糜黍长到2～3片叶，株高2厘米时，开始破苗，根据地力，亩留苗保持在6～8万株。结合破苗进行中耕除草，拔节期中耕深度5～6厘米，清除杂草并进行培土，抽穗前及时用人工拔除田间杂草，细管理，防倒伏。生育期间注意防治病虫害。

（5）收获：整穗70%～80%成熟即可收获，一般在穗基部籽粒用指甲刚好能划破时收获为宜。

适宜地区

适用于宁夏旱作糜子栽培区域及类似生态区。

旱作糜黍示范田

技术来源：宁夏农林科学院固原分院

粟灰螟防治技术

为害特征

粟灰螟别名二点螟、谷子钻心虫等。糜黍苗期受害后造成枯心株；糜株抽穗后被蛀，常形成穗而不实，或遇风雨时大量折株造成减产。

防治技术

（1）选抗虫品种，种植早播诱集田集中防治。

（2）及时拔除枯心苗，减少扩散为害；拾烧糜茬，并集中烧毁；因地制宜调节播种期，躲过产卵盛期。

（3）虫卵盛孵期至幼虫蛀茎之前，用1.5%甲基对硫磷粉剂2千克，拌细土20千克制成毒土，撒在根际形成药带。

注意事项

当糜田每500株（苗）有卵1块或千株（苗）累计有5个卵块时及时进行药剂防治。

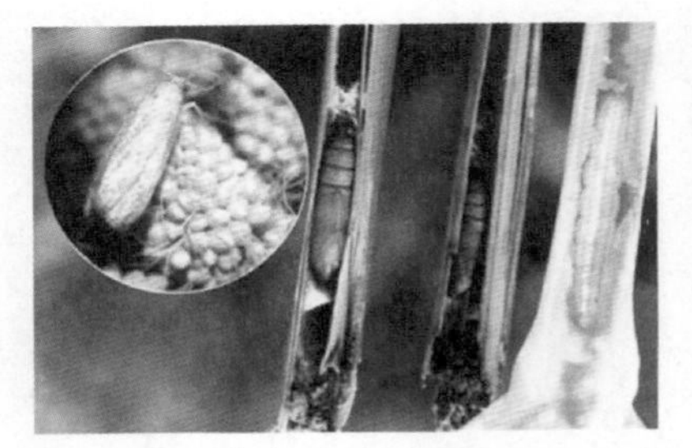

粟灰螟为害糜子状

技术来源：西北农林科技大学

第四章

荞麦青稞篇

晋荞麦（苦）5号

品种来源

山西省农业科学院高粱研究所选育。由黑丰1号经过等离子辐射，选择变异单株，系统选育而成。2011年5月通过山西省农作物品种委员会审（认）定，品种审定编号为晋审荞（认）2011001。

特征特性

中晚熟。株高106.7厘米，籽粒黑色，形状为三棱卵圆形瘦果，无棱翅，叶形较大，抗旱，抗倒伏，落粒轻。该品种属于自花授粉作物，无限花序，子实有苦味。出苗至成熟98天。平均单株粒重为56.7克，千粒重为23.4克，每公顷产量为2 244.3千克。

技术要点

（1）播种：山西省北部一般在5月1—10日，山西中部一般在6月10—20日播种。播种量为25～30千克/公顷，留苗密度为80万～90万株/

公顷。

（2）肥水管理：苦荞虽为耐瘠作物，但多施磷钾肥有助于产量提高，每公顷施磷钾复合肥450千克，还要除草、中耕，有条件的地方，花期到灌浆期可浇水1次，以保证籽粒饱满。

（3）收获：苦荞麦为无限生长作物，为了防止早熟籽粒的脱落，籽粒70%为黑色时可收获，在场上后熟2～3天后再晒打。

适宜区域

山西省北部、中部春荞麦区种植。

注意事项

落粒性强，当籽粒70%为黑色时要及时收获，收获后堆放2～3天，以保证未成熟籽粒后熟。

晋荞麦（苦）5号
成熟籽粒

晋荞麦（苦）5号
田间长势情况

晋荞麦（甜）8号

品种来源

山西省农业科学院高粱研究所选育而成。由日本引进甜荞经过EMS化学诱变剂处理、变异单株、集团系统选育而成。2015年9月通过山西省品种审定委员会审（认）定，品种审定编号为晋审荞（认）2015002。

特征特性

中晚熟，根系健壮、发达，主茎高123厘米，茎绿色，主茎13～15节，一级分枝数3～5个，叶绿色，花白色，籽实形状三棱形，籽实棕褐色，单株粒重8.2克，千粒重32.7克。当籽粒2/3变棕褐色时收获，每公顷产量为1 945.5千克。

技术要点

（1）播种：山西北部地区种植一般在6月1—10日，山西中部地区种植一般在7月10—20日。播种量为37.5～45.0千克/公顷，留苗密度为80万～90万株/公顷。

（2）肥水管理：磷钾肥对提高荞麦的产量有很大帮助，晋荞麦（甜）8 号种植时需施磷钾复合肥 450 千克 / 公顷。及时除草、中耕，在花期到灌浆期可浇水 1 次，以保证籽粒灌浆饱满。甜荞为异花授粉作物，在盛花期，有条件的地方，要人工辅助授粉。

适宜地区

适宜山西省甜荞麦产区种植。

注意事项

落粒性强，当籽粒 2/3 变棕褐色时要及时收获，收获后堆放 2～3 天，以保证未成熟籽粒后熟。

晋荞麦（甜）8 号
成熟籽粒

晋荞麦（甜）8 号
田间长势情况

米荞1号

品种来源

成都大学选育而成。以地方苦荞品种旱苦荞为原始材料，采用γ射线和化学诱变剂诱变处理，从变异群体中选择优良变异单株，经加代选育而成。于2009年通过四川省作物品种审定委员会审定通过，审定编号为川审麦2009015。

特征特性

中晚熟品种。株型紧凑，株高90～130厘米，平均主茎分枝3～6个，主茎14～18节。花淡绿色，单株粒数90～180粒，单株粒重1.0～3.0克。籽粒短锥形、褐色、粒饱满，种壳簿，易脱壳制米，完整米率达60%左右，千粒重17.0～18.0克。抗病性强，抗倒伏，不易落粒，耐旱、耐寒性强。平均亩产152千克。

技术要点

（1）播期：四川省适宜种植地区一般3月下旬至6月中旬播种，根据海拔高度调整播种时间，播种深度一般在3～5厘米。

（2）密度：根据土壤肥力状况保证亩苗数8万～10万株。

（3）肥水管理：可使用有机肥和复合肥作底肥。每亩可施用50千克有机肥，20千克复合肥作底肥，苗期和初花期可根据长势酌情追施尿素3～5千克/亩。

适宜地区

我国西南部海拔1 500米以上的冷凉地区。

注意事项

种子处理：播种前进行晒种，对种子进行精选，选用粒大、饱满、没有病虫口和杂质的种子作种。可用种子重量0.3%～0.5%的辛硫磷加草木灰拌种，以防地下害虫并增强荞麦的抗倒伏能力。

米荞1号生育期较一般苦荞品种长10～20天，不同地区种植时根据当地情况调整播期，合理安排。

全株70%籽粒成熟即可收获，收获时尽量选择阴天或早晨进行，以防籽粒脱落而造成减产。

米荞 1 号成熟籽粒

米荞 1 号田间长势

西荞 1 号

品种来源

成都大学与西昌农学院选育而成。以凉山地区的地方品种额落乌且作原始材料，采用γ射线辐射，以及秋水仙碱与二甲基亚砜混合水溶液浸泡处理，通过后代进行单株选择获得。1997 年 8 月通过四川省农作物品种审定委员会审定，并被定名为西荞 1 号。2000 年 5 月，通过国家农作物品种委员会审定，品种审定编号为国审杂 20000003。

特征特性

生育期 75～85 天左右，属早熟品种。株高 90～105 厘米，主茎分枝 4～7 个，主茎 14～17 节，株型紧凑。结实率 31.3%，单株粒重 1.9～4.2 克，千粒重 19.1～20.5 克。籽粒黑色，粒形桃形，出粉率 64.5%～67.7%。抗病性强，抗倒伏，高抗落粒，抗旱能力较强。

技术要点

（1）播期：春荞播种一般放在 3 月下旬至 5

月上旬，秋荞在8月上中旬播种，及时抢墒播种，采用点播、条播或撒播等播种方式。

（2）密度：根据土壤肥力状况保证亩苗数8万～12万株。

（3）施肥：荞麦幼苗生长需要一定的养分，施肥以"基肥为主、种肥为辅、追肥为补""有机肥为主、无机肥为辅"。根据土壤肥力情况每亩施复合肥15～25千克、农家肥50千克作底肥，后期根据荞麦苗长势酌情每亩追施纯氮2～4千克。

适宜地区

云南省、贵州省、四川省、陕西省、山西省及甘肃省。

注意事项

（1）管理：荞麦出苗后及时进行查苗补缺，结合间苗定苗，使苗分布均匀。清除田间杂草病株，适时喷施高效、低毒和低残农药，及时防控各种病虫草害。

（2）收获：待植株70%籽粒转为成熟色泽，籽粒呈品种的本色即可收获。收获宜在露水干后的上午进行，割下的植株应就近码放，脱粒前后尽可能减少倒运次数，晴天脱粒时，籽粒应晾晒

3～5个太阳日，充分干燥后贮藏于清洁、避光、干燥、通风、无污染和有防潮设施的地方。

西荞1号成熟籽粒

西荞1号田间长势

昆仑 14 号

品种来源

青海省农林科学院作物育种栽培研究所选育而成的春性青稞品种。2013 年 12 月通过青海省品种审定委员会审定，品种审定号为青审麦 2013003；2015 年 5 月通过国家小宗粮豆品种鉴定委员会鉴定，品种鉴定编号为国品鉴杂 2015010。

特征特性

高抗倒伏、高产、高赖氨酸含量（平均含量 0.657%），植株繁茂性好，秸秆产量高，粮草双高。中早熟，生育期 108～119 天；株高 105～110 厘米，穗全抽出，长方形，4 棱；籽粒黄色，卵圆形，千粒重 46～52 克，容量 780～790 克 / 升；籽粒半硬质，淀粉含量 56.0%、蛋白质含量 12.08%；抗倒伏性好，中抗条纹病。

技术要点

（1）播种：4 月上旬播种，采用条播，播种量 20 千克 / 亩左右，行距 15 厘米，播种深度 3～4 厘米。

（2）施肥：用尿素 5 千克 / 亩、磷酸二胺

10～15 千克 / 亩作底肥。

（3）田间管理：要突出“早”，青稞二叶一心或三叶期及时除草、松土、追肥，追施尿素 2.0～2.5 千克 / 亩。

适宜地区

适宜在青海省各青稞区，尤其是高寒旱作农业区以及西藏（西藏自治区，全书简称西藏）拉萨市、四川省阿坝藏族羌族自治州、四川省甘孜藏族种植。

注意事项

种植过程中应注意控制播量，适宜播量控制在 20 千克 / 亩以内（18～20 千克 / 亩）。

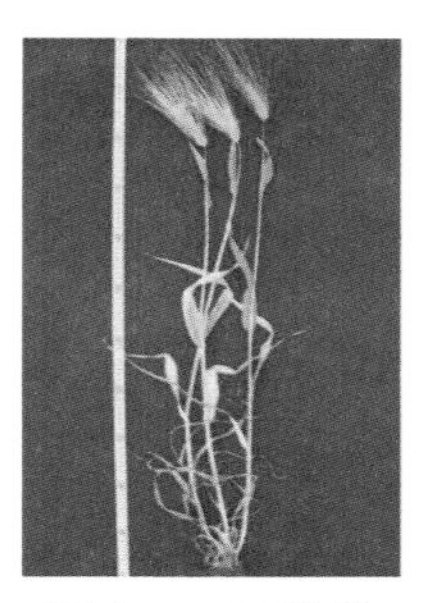

昆仑 14 号植株

昆仑15号

品种来源

青海省农林科学院作物育种栽培研究所选育而成的春性青稞品种。2013年12月通过青海省农作物品种审定委员会审定，品种审定编号为青审麦2013004。

特征特性

该品种中早熟，生育期105～110天；幼苗直立，株高80～90厘米，穗半抽出，长方形，4棱；籽粒浅褐色，卵圆形，千粒重43～46克，容量780～790克/升；籽粒半硬质，淀粉含量55.9%、蛋白质含量11.33%；抗倒伏性好。

技术要点

（1）播种：4月上旬播种，采用条播，播种量20千克/亩左右，行距15厘米，播种深度3～4厘米。

（2）施肥：用尿素5千克/亩、磷酸二胺10～15千克/亩作底肥。

（3）田间管理：要突出“早”，青稞二叶一心或三叶期及时除草、松土、追肥，追施尿素5千克/亩。

适宜地区

适宜在青海省各青稞种植区，尤其是高位水地区和柴达木灌区种植。

注意事项

该品种的抗倒伏性能好，在生产中可适当加大播种密度，以提高青稞籽粒和饲草产量。

昆仑15号植株

北青8号

品种来源

青海省门源县种子管理站、青海省海北藏族自治州农业科学研究所选育的春性青稞品种。2005年12月通过青海省农作物品种审定委员会审定，品种审定编号为青种合字第206号。

特征特性

早熟，生育期105～115天；幼苗直立，株高105～110厘米，穗全抽出，长方形，4棱，穗长6.0～6.5厘米，长齿芒；籽粒蓝色，卵圆形，千粒重40～42克，容量730克/升；籽粒半硬质，淀粉含量59.8%、蛋白质含量10.33%；中抗条纹病。

技术要点

（1）播种：4月上旬播种，采用条播，播种量18千克/亩左右，行距15厘米，播种深度3～4厘米。

（2）施肥：用尿素5千克/亩、磷酸二胺10～15千克/亩作底肥。

（3）田间管理：要突出“早”，青稞二叶一心或三叶期及时除草、松土、追肥，追施尿素2.0～2.5千克/亩。

适宜地区

适宜在青海省高寒旱作农业区种植。

注意事项

在生产中需注意控制播量，以防止植株倒伏。

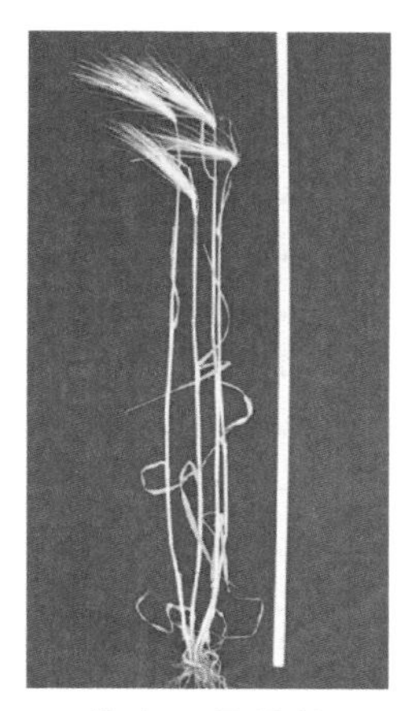

北青8号植株

北青9号

品种来源

青海省海北藏族自治州农业科学研究所选育的春性青稞品种。2011年11月通过青海省农作物品种审定委员会审定，品种审定编号为青审麦2011002。

特征特性

该品种中早熟，生育期105～110天；幼苗直立，株高100～115厘米，穗全抽出，长方形，4棱；籽粒黄色，卵圆形，千粒重43～45克；植株繁茂性好，秸秆产量高，属粮草兼用型品系；籽粒半硬质；抗倒伏性较好，中抗条纹病。

技术要点

（1）播种：4月上旬播种，采用条播，播种量20千克/亩左右，行距15厘米，播种深度3～4厘米。

（2）施肥：用尿素5千克/亩、磷酸二胺10～15千克/亩作底肥。

（3）田间管理：要突出“早”，青稞二叶一心或三叶期及时除草、松土、追肥，追施尿素2.0～2.5千克/亩。

适宜地区

适宜在青海省高寒旱作农业区种植。

注意事项

在生产中需注意控制播量，以防止植株倒伏。

北青9号植株

晋荞麦（甜）8号高产栽培技术

技术要点

1. 耕作整地，施肥

由于荞麦幼苗顶土能力差，根系发育弱，所以对整地质量要求较高，抓好耕作整地这一环节是保证荞麦全苗的重要措施，应将秋耕和春耕相结合。前作收获后深耕灭茬，耙耱，冬季镇压，春季多次耙耱，遇雨抢种。

苦荞/甜荞的需肥量较高，而且时间比较集中，增施肥料是苦荞高产的主要措施之一。同时，在肥料的应用过程中一定要注意其质量，而且要严格控制化学肥料的使用量，一般以腐熟的畜禽粪、秸秆肥为主，辅以少量的化肥，并以基施为主。

苦荞/甜荞是一种适应性较强的作物，在有机质丰富、结构良好、保水力强、通气性良好的土壤中最适宜生长。据研究，每生产100千克苦荞籽粒需要吸收氮（N）3.3千克、磷（P_2O_5）1.5千克、钾（K_2O）4.3千克；每生产100千克甜荞籽粒需要吸收氮（N）3.2千克、磷（P_2O_5）0.8千克、钾（K_2O）3.6千克。

2. 播　种

（1）播种前苦荞/甜荞种子的处理：种子的处理方法有晒种、浸种、拌种等。一般用35～40℃的温水浸种15分钟，先将漂在上面的秕粒弃去，再把沉在下面的饱粒捞出晒干，可提高出苗率。也可用硼酸、钼酸铵等微肥水浸种。

（2）播期：苦荞应在6月中旬之前播种，也可根据地温及墒情于5月下旬播种，以避免早霜的危害；甜荞可于6月下旬到7月上旬播种。

（3）播种方法——条播（耧播或犁播）：荞麦的播种方法有条播、撒播、穴播，由于撒播和穴播不便于田间管理，不利于荞麦个体的发育，一般推荐条播。条播与撒播、穴播覆土深度基本一致，出苗率较高，幼苗整齐，有利于通风透光，便于田间管理。播种量一般苦荞1.5千克/亩，甜荞2.5～3.0千克/亩，深度5～6厘米，行距40～45厘米。

3. 田间管理

春播时及时镇压，使耕层土壤上虚下实，有利与保墒、提墒和种子发芽出土，提高出苗率，若出苗时遇雨，地表板结，应在地面发白时及时浅耙或耱，破除土壤板结层，以保全苗。

中耕锄草，在荞麦第5片真叶长出后即可中

耕，中耕不仅可除草，还可疏松土壤，增温保墒，促进幼苗生长的作用，同时可除去多余的弱苗，现蕾时进行第二次中耕，视苗情可追施肥料，培土拥苗，促进根系发育。

辅助授粉，盛花期每隔2～3天，于9:00—11:00用一块200～300米长、0.5米宽的布，两头各系一条绳子，由两人各执一端，沿甜荞顶部轻轻拉过，摇动植株，使植株相互接触、相互授粉。如有放蜂，可代替人工辅助授粉。

4．病虫害防治

我国北方虫害有蝼蛄、地老虎等地下害虫，以及麦钩刺蛾、黏虫、草地螟等食叶害虫。主要病害有立枯病、轮纹病、霜霉病等，为保证荞麦产品的安全性，对病虫害的防治以农业措施为主，如轮作、倒茬、深耕、清除田间地畔的病残植株和杂草、温汤浸种、诱杀成虫等。必须施用农药时，应选择效果好、残留少的低毒农药，尽可能减少喷药用量和次数，要严格按照GAP（良好农业规范）规定的标准进行。根据笔者近10年的经验，在荞麦初花期采用4 000～6 000倍1.8%阿维菌素乳油喷雾，基本可防治荞麦虫害。

5．收　获

由于同一荞麦植株上的籽粒成熟时间不一，成熟时，籽粒容易脱落，所以适时收获极为重要。

待80%的籽粒成熟时即可收获，而且收获应选阴天或早晨露水未干时进行，以防籽粒落粒造成减产，晾晒3～4天可促进其后熟。

脱粒应选择晴朗的天气时进行，宜采用震动脱粒或机械脱粒，不宜采用碾压法，以尽可能减少碎粒，籽粒经充分干燥后可入库贮存，入库时水分不得超过14%。

6. 贮存、包装，运输、加工

荞麦产品贮存时，要本着"安全、经济、有效"的原则，低温、低氧，有效控制粮食微生物的生理活动，做到不发热、不生虫、不霉烂、不变质、无污染。

适宜地区

山西省甜荞麦产区。

晋荞麦（甜）8号田间长势

技术来源：山西省农业科学院高粱研究所

甜荞放蜂增产技术

技术目标

甜荞花蜜非常丰富，在荞麦地里放养一些蜜蜂，可以帮助荞麦传粉，提高结实率，还可以获得蜂蜜。

技术要点

一般在初花期，每2～3亩地，安放1箱蜜蜂，可使单株粒数增加30%～80%，产量增加80%～200%。无蜂源的地方可以采用人工辅助授粉。具体做法是：在盛花期选晴天9:00—11:00及16:00—18:00，用长20～25米的绳子，系一条狭窄的麻布，两人拉着绳子的两头，沿地块的两边从这头走到那头，往复2次，行走时让麻布接触荞麦的花部，使其摇晃抖动，每2～3天授粉一次，授粉2～3次即可明显提高产量。

适宜地区

我国西南地区甜荞种植区。

技术来源：成都大学

荞麦芽菜生产技术

原料和工具

生产原料为荞麦籽粒、水，生产工具为纱布、栽培床。

操作要点

（1）品种的选择：一般选用发芽率在95%以上，纯净度高、籽粒饱满、无污染的高黄酮含量荞麦品种。

（2）浸种：浸种前晒种1～2天，采用水选法，剔除成熟度差的、破碎的种子和杂质。用20～22℃水淘洗，再用种子体积2～3倍的22～30℃水浸泡24～36小时。

（3）催芽：浸泡过的种子装入网纱袋中，每袋1千克，平放在平底容器中，上面盖湿布。平底容器置于25℃恒温下进行催芽。催芽期，每天用21～25℃温水冲洗1次，1天后种子可露白。

（4）栽培床的准备：在消毒后冲洗干净的育苗盘底铺上一层吸水纸淋湿，再准备好同样大小的吸水纸作盖种用。

（5）播种：将已发芽的荞麦种均匀地播在湿润的吸水纸上，一般每只蔬菜育苗盘播种150～200克，播后种面上平盖一层吸水纸并淋湿。

（6）培育：将播好种苗盘整齐叠放在一起。用黑色塑料膜或遮阳网覆盖，23～26℃ 3天后胚芽直立，芽高2～3厘米时揭去盖住的吸水纸，放到栽培架上使其见光生长，光照不宜过强。保持空气相对湿度80%左右，以促使种芽生长，种壳脱落，子叶尽快展开。每天浇水1次，见光均匀，防止荞麦芽向一侧倾斜生长。保持温度在20～25℃。

（7）采收：播后8～10天可以采收，当芽苗子叶绿色，下胚轴红色、苗高12～15厘米时采收。质量好的荞麦芽菜整齐，子叶平展，充分肥大，不倒伏，不烂脖。可以整盘活体销售，也可以根部剪割，包装上市。

苦荞芽菜生产大棚

苦荞芽菜

技术来源：成都大学

青海省高寒青稞区青稞丰产栽培技术

技术要点

1. 播前准备

（1）耕作整地：秋收后及时秋深翻20厘米，“三九”碾地打土保墒。

（2）施足基肥：施农家肥22 500～30 000千克/公顷。播前施纯氮47.50千克/公顷、五氧化二磷86.25千克/公顷。秋耕地区深翻埋肥，或采用分层施肥播种机与播种同时进行。春耕地区随耕随耙以利保墒，或采用分层施肥播种机与播种同时进行。

2. 播　种

（1）播种时间：一般在3月下旬至4月中旬。

（2）播种方法：条播，行距15厘米，播种深度一般在3～5厘米之间。

（3）播种量：根据品种千粒重和特性确定播量。不抽穗或半抽穗品种播量为263～303千克/公顷。全抽穗品种播量为303～338.3千克/公顷。

3. 田间管理

青稞从播种到成熟，需要进行精耕细作，才

能达到全苗、壮苗，壮秆穗大，籽粒饱满，因此苗、株、穗、粒是达到大面积平衡高产的四大关键点。根据青稞生长特点，田间管理工作可分为前期、中期、后期3个阶段，即出苗分蘖阶段、拔节孕穗阶段和抽穗成熟阶段的管理。

（1）前期管理：青稞从出苗到分蘖为苗期阶段。苗期是生长根系，地上绿色部分迅速增长和幼穗分化的时期，为青稞吸肥的临界期，尤其是青稞3叶期是幼苗吸肥较多而迅速的重要时期。因此，三叶期进行松土除草，结合松土追施尿素30～37.5千克/公顷。为确保幼苗生长健壮，延长幼穗分化时间，增加子穗数，促使根系打下良好的基础。

（2）中期管理：青稞拔节期，小穗数已经定型。这时正是营养生长和生殖生长最旺盛的时期，又是青稞一生中生长发育最快，对养分、水分、温度、光照要求最迫切的时间，因此必须紧紧抓住这个重要时期，加强管理，促进大穗多粒的形成，提高结实。此时应视苗情，弱苗田应及时追肥，追施尿素30～37.5千克/公顷。

（3）后期管理：灌浆成熟期，其小穗数已确定，但却是提高结实率、争取穗粒数的重要时期。主要防止青稞倒伏。

适宜地区

青海省海北藏族自治州各县和青海省东部高寒山旱地农业区。

技术示范田

技术来源：青海省农林科学院作物育种栽培研究所

青稞豌豆混播粮饲双高栽培技术

技术目标

中等肥力地块籽粒的混合产量达到4 500千克/公顷以上，饲草混合产量达到6 000千克/公顷以上；较高肥力地块的籽粒混合产量5 250千克/公顷以上，饲草混合产量达到7 500千克/公顷以上。

技术要点

1. 播前准备

（1）耕作整地：秋收后及时深翻18～20厘米，耙耱整平，播种前灌水浅耕。

（2）施足基肥：中等肥力地块，有机肥秋翻施入；结合播种，分层施入尿素37.5千克/公顷，二铵75.0千克/公顷，复合肥150.0千克/公顷。较高肥力地块，有机肥秋翻施入；结合播种，分层施入尿素30.0千克/公顷，磷酸二铵60.0千克/公顷，复合肥120.0千克/公顷。

2. 播　种

（1）播种时间：4月上中旬，当气温稳定在

1～3℃，土层解冻5～6厘米时抢墒播种。

（2）播种方法：条播，行距15厘米，播深3～4厘米。

（3）播种量：根据地块肥力大小确定播量。①中等肥力地块，播量为285～300千克/公顷。其中，青稞为26～30千克/公顷；豌豆为260～262千克/公顷。②较高肥力地块，播量为270～285千克/公顷。其中，青稞为23～26千克/公顷；豌豆为248～260千克/公顷。

3. 田间管理

在青稞3叶期至5叶期药剂除草1次，每亩混合爱秀（5%唑啉草酯乳油）80毫升、排草丹（灭草松）150毫升、氨基酸0.20千克，对水50千克，晴天喷施，兼防阔叶杂草和禾本科杂草，青稞抽穗后拔高草1次。农药使用符合GB/T 4285《农药安全使用标准》的规定。

适宜地区

青海省东部农业区、环湖农业区、柴达木灌区、三江源农牧交错区年均温0.5℃以上的各青稞产区。

青稞豌豆混播技术示范田

技术来源：青海省农林科学院作物育种栽培研究所

第五章

杂豆篇

吉红 13 号

品种来源

2007 年以大粒型外引材料 4255 为母本，以适应性强、产量高的吉红 8 号为父本，进行人工杂交选育而成的红小豆品种。2015 年通过吉林省农作物品种审定委员会认定，审定编号为吉登小豆 2015002。

特征特性

籽粒短圆柱形，红色，有光泽，百粒重 11.5 克。植株半蔓生型，幼茎绿色，株高 58.64 厘米，分枝 2.4 个，主茎节数 11.3 节，成熟荚黄白色，单株荚数 22.8 个，单荚粒数 7.9 个，单株粒重 12.0 克。籽粒粗蛋白质含量 24.27%，粗淀粉含量 53.64%。田间自然发病，抗叶斑病和根腐病。出苗至成熟 90 天左右。2013 年区域试验平均公顷产量 1 443.93 千克，比对照白红 5 号增产 8.42%，5 个试点中 3 个点表现增产；2014 年区域试验平均每公顷产量 1 560.39 千克，比对照白红 5 号增产 10.41%，5 个试点都表现增产；两年区域试验平均每公顷产量1 502.16千克，比对照白红5号增产9.44%；2014年生产试验平均每公顷产量1 447.95千克，比对照白红5号增产7.10%，5个试点有4个点表现增产。

技术要点

（1）播种：5月中旬播种，行距50～60厘米，株距8～10厘米，每公顷保苗15万～18万株。

（2）施肥：中等土壤肥力条件下，公顷施种肥氮磷钾复合肥150～250千克。

适宜地区

吉林省红小豆主产区。

吉红13号豆荚

吉红13号籽粒

吉红 13 号植株

吉红 13 号大田

冀红 13 号

品种来源

保定市农业科学院以保 876-16、保 9326-16 为亲本杂交选育而成的红小豆品种。2015 年通过国家小宗粮豆新品种鉴定委员会的鉴定，鉴定编号为国品鉴杂 2015030。

特征特性

夏播生育期 82.0～86.0 天，株型直立、抗倒伏。株高 46.2～53.4 厘米，主茎分枝 2.9～3.4 个，主茎节数 15.1～17.2 节，单株荚数 29.7～35.6 个，荚长 6.9～7.4 厘米，荚粒数 5.2～5.8 粒，千粒重 168.2～175.9 克，籽粒红色，粒色鲜艳。蛋白质 25.84%，碳水化合物 52.37%，脂肪 2.03%。国家区域试验（夏播组）平均产量 150.07 千克 / 亩，比对照冀红 9218 增产 8.37%。生产试验平均产量 149.75 千克 / 亩，比对照冀红 9218 增产 5.34%。

技术要点

（1）播种：夏播区一般播期 6 月 20 日左

右，最晚不超过6月30日。留苗密度一般为0.8万～1.0万株/亩，播量2.5～3.0千克/亩，播深3厘米，因其粒大，一定要足墒下种，以确保全苗。第二片三出复叶展开时按密度要求定苗。

（2）施肥：一般每亩施优质农家肥1 000～2 000千克做基肥，或每亩平方米施氮磷钾复合肥30千克。

（3）田间管理：注意苗期防控蚜虫、地下害虫，花荚期防控棉铃虫、豆荚螟、蓟马等。

（4）收获：80%豆荚成熟时收获。

适宜地区

北京市房山区，河北省石家庄市、保定市、唐山市，河南省洛阳市，陕西省宝鸡市等红小豆种植区。

冀红13号籽粒

冀红13号大田

冀红 14 号

品种来源

保定市农业科学院以保 876-16、白红 3 号为亲本杂交选育而成的红小豆品种。2015 年通过国家小宗粮豆新品种鉴定委员会的鉴定，鉴定编号为国品鉴杂 2015031。

特征特性

春播区生育期 89～95 天，株型直立、抗倒伏。株高 53.7～59.5 厘米，主茎分枝 2.8～3.8 个，主茎节数 12.8～13.6 节，单株荚数 22.8～26.1 个，荚长 8.2～9.1 厘米，荚粒数 6.4～7.2 粒，千粒重 132.8～163.0 克。籽粒红色，粒色鲜艳，商品性状好。籽粒蛋白质 22.35%，碳水化合物 54.55%，脂肪 2.86%。国家小豆品种（春播组）区域试验平均产量 99.92 千克 / 亩，比对照冀红 9218 增产 8.96%。生产试验平均产量 102.07 千克 / 亩，较对照冀红 9218 增产 14.76%。

技术要点

（1）播种：春播区一般地温稳定在 14℃时即

可播种。留苗密度视播期、地力而定。一般中水肥地0.7万～0.8万株/亩，播量2.5～3.0千克/亩平方米，播深3厘米，足墒下种，以确保全苗。第二片三出复叶展开时按密度要求定苗。

（2）施肥：一般施优质农家肥2 000千克/亩做基肥，或施磷酸二铵20千克/亩。

（3）田间管理：注意苗期防控蚜虫、地下害虫，花荚期防控棉铃虫、豆荚螟、蓟马等。

（4）收获：80%豆荚成熟时收获。

适宜地区

甘肃省庆阳市，吉林省白城市、公主岭市，山西省大同市，辽宁省沈阳市，河北省张家口市等红小豆种植区。

冀红14号大田

冀红14号籽粒

冀红 15 号

品种来源

河北省农林科学院粮油作物研究所以冀红 8936-6211 和保 M908 为亲本杂交选育而成的红小豆品种。2015 年通过国家鉴定，鉴定编号为国品鉴杂 2015032。

特征特性

夏播生育期 86～93 天，有限结荚，株型紧凑，直立生长，株高 42.2～52.7 厘米，主茎分枝 3.1～3.5 个，主茎节数 14.2～17.3 节，单株结荚 27.2～29.6 个，荚长 8.7～9.0 厘米，单荚粒数 6.5～7.1 粒。籽粒长圆柱形，红色有光泽，千粒重 167.8～177.3 克。籽粒蛋白质含量 24.28%，碳水化合物含量 56.38%，脂肪含量 2.45%。结荚集中，成熟一致，不炸荚，适于一次性收获。国家区域试验平均单产 154.93 千克 / 亩，比对照冀红 9218 增产 11.85%。生产试验平均单产 159.99 千克 / 亩，较对照增产 19.94%。

技术要点

（1）播种：夏播适宜播期6月10—30日。播深3～5厘米，播量3.0～3.25千克/亩。适宜密度中高水肥地0.8万株/亩左右，瘠薄旱地1.0万株/亩左右。

（2）施肥：每亩追施尿素5.0千克。花荚期视苗情、墒情和气候情况及时浇水1～2次。

（3）田间管理：适时防控苗期发生的蚜虫、地老虎、棉铃虫、红蜘蛛，花荚期发生的蓟马和豆荚螟等。

（4）收获：80%的荚成熟时一次收获。

适宜地区

北京市西南部、河北省中北部、江苏省东南部、陕西省中北部、河南省西部等区域夏播种植。

冀红15号籽粒

冀红15号植株

冀红 16 号

品种来源

河北省农林科学院粮油作物研究所以冀红8936-6211和保M908为亲本杂交选育而成。2015年通过国家鉴定，鉴定编号为国品鉴杂2015033。

特征特性

夏播生育期87～93天，有限结荚，直立生长，株高50.4～54.0厘米，主茎分枝3.3～3.8个，主茎节数15.8～19.3节，单株结荚28.5～29.5个，荚长7.4～7.7厘米，单荚粒数5.4～5.7粒。籽粒短圆柱形，红色有光泽，千粒重186.0～190.8克。籽粒蛋白质含量23.46%，碳水化合物含量56.74%，脂肪含量1.95%。结荚集中，成熟一致，不炸荚，适于一次性收获。2012—2014年国家小豆（夏播组）品种区域试验中，冀红16号平均单产154.70千克/亩，比对照冀红9218增产11.69%。2014年国家小豆（夏播组）生产试验中，平均单产174.51千克/亩，较对照冀红9218增产18.68%。

技术要点

（1）播种：适宜播期夏播 6 月 10—30 日。播种量 3.25～3.50 千克 / 亩，播深 4～5 厘米，合理密度中高水肥地 0.7 万～0.9 万株 / 亩，瘠薄旱地 1.0 万～1.2 万 / 亩。

（2）肥水：花荚期视墒情可浇水 1～2 次。中低产瘠薄地可底施磷酸二胺 10 千克 / 亩。雨水较多年份、有旺长迹象的田块可以自初花期开始每隔 7 天喷施 500～800 倍液的多效唑 2～3 次，防止徒长。

（3）田间管理：苗期及时防控蚜虫、地老虎、棉铃虫和红蜘蛛等，花荚期防控豆荚螟、豆野螟、蓟马等。

（4）收获：80% 以上的荚成熟时一次性收获。

适宜地区

在北京市西南部、河北省中北部、江苏省东南部、河南省西部等区域夏播种植。

冀红 16 号籽粒

冀红 16 号植株

晋小豆6号

品种来源

该品种系山西省农业科学院高寒区作物研究所以天镇红小豆作母本，红301作父本，经改良混选法连续定向选择育成的红小豆品种，原品系代号红H801，2013年通过山西省农作物品种审定委员会审定，审定编号为晋审小豆（认）2013002。

特征特性

该品种在晋北地区生育期122天左右，属中晚熟品种，株高78厘米，主茎分枝4个，主茎节数18节，单株成荚32个，荚长9.4厘米，圆形叶，绿色，花黄色，荚白色，直形，荚粒数8粒，籽粒圆柱形，种皮浅红色，脐白色，百粒重19克，中粒饱满，株型直立，结荚集中，抗逆性强，适应性广，丰产性好 。经农业部谷物及制品质量监督检验测试中心（哈尔滨）检验，籽粒中粗蛋白质含量25.56%，粗淀粉含量53.15%。晋小豆6号于2009年参加山西省早熟组区域试验，平均亩产

93.3 千克，比对照晋小豆 1 号增产 6.1%；2010 年参加山西省早熟组区域试验，平均亩产 138.3 千克，比对照晋小豆 1 号增产 11.3%。两年平均亩产 115.8 千克，比对照晋小豆 1 号增产 8.7%。两年总 10 点次增产 8 点，增产点率达 80%。

技术要点

（1）选地：选用土层深厚，前茬以 3 年未种过豆类作物的农田。实行轮作倒茬，忌重茬迎茬。

（2）种子处理：播种前进行晒种及拌种，每千克绿豆种子用 1.5 克钼酸铵 + 2 克多菌灵 + 2 克福美双进行拌种。

（3）施肥及追肥：亩施腐熟有机肥 1 500～2 500 千克、过磷酸钙 15～20 千克、尿素 4～8 千克混合作基肥，初花期至现蕾期结合降雨亩追施尿素 15 千克。

（4）播期和密度：一般 5 厘米地温稳定通过 15℃以上播种为宜，播深 3～5 厘米。种植密度：一般密度为 10 000～12 000 株 / 亩，行距 40 厘米，株距 15～18 厘米。

（5）化学除草：播后苗前用 96% 金都尔（精—异丙甲草胺）100 毫克 +75% 宝收（噻吩磺隆）1.2 克 / 亩，或亩用 12.5% 拿捕净 80～100 毫升对水

50～60千克喷雾进行土壤封闭处理防除杂草。

（6）田间管理：苗期适度“蹲苗”，花期适量灌水，后期适时收获。生育期中耕3次，中耕深度遵循浅深浅原则，深度5～6厘米，中耕、除草、培土结合进行。注意及时防治病虫草害。

适宜地区

适宜在山西省晋北地区春播、晋中南地区复播及类似生态区栽培种植。

注意事项

施足底肥，足墒播种保全苗，苗期适度“蹲苗”，花期足量灌水，后期适时收获，及时防治病虫草害，注意克服花荚期干旱，避免重作迎茬。

晋小豆6号籽粒

晋小豆6号植珠

京农 8 号

品种来源

京农 8 号（京农 2 号辐射诱变）是山西省农业科学院高寒区作物研究所从北京农学院引种认定的中早熟红小豆新品种。2013 年通过山西省农作物品种审定委员会审定，审定编号为晋审小豆（认）2013001。

特征特性

该品种在晋北地区生育期 120 左右，幼茎嫩绿色，成熟茎黄白色，复叶中等大小，小叶呈卵圆形，花黄色，株高 38～45 厘米，植株直立紧凑，主茎节数 14.4 节，主茎有效分枝数 2～4 个、单株荚数 18～25 个，单荚粒数 5～6.8 粒，荚长 9.9 厘米，荚宽 0.65 厘米，荚圆筒形，成熟荚白色，籽粒近圆形，粒色浅红，有艳丽光泽，百粒重 14～16 克，属中大粒型，籽粒均匀，饱满度好。外观品质符合日本红小豆进口标准。经农业部谷物及制品质量监督检验测试中心（哈尔滨）检验，籽粒粗蛋白质含量 21.39%，粗淀粉含量

53.76%。京农8号于2011年参加山西省早熟组区域试验，6点次平均亩产108.7千克，比对照晋小豆1号增产11.2%；2012年参加山西省早熟组区域试验，4点次平均亩产146.2千克，比对照晋小豆3号增产9.4%。两年平均亩产127.5千克，比对照增产10.3%。两年总10点次全部增产，点次增产率达100%。

技术要点

适期播种、适度密植，采用腐熟有机肥与氮磷钾复合肥混施作底肥，夏播适宜密度1万～1.2万株/亩，行距45～50厘米，株距12～15厘米。春播适宜密度0.8万～1.1万株/亩。晋北春播5月中旬为宜，夏播最适期为6月25日左右，播量5～8千克，足墒播种，保全苗，五叶期中耕培土防倒伏。花初期随水亩施尿素5～7千克，采用500倍代森锰锌或1 000倍多菌灵液对少许80%敌敌畏乳油防治病虫害，注意克服花期干旱，避免连作重茬。

适宜地区

适宜在山西省晋北地区春播、晋中南地区复播及类似生态区栽培种植。

注意事项

施足底肥，足墒播种保全苗，苗期适度“蹲苗”，花期足量灌水，后期适时收获，及时防治病虫草害，注意克服花荚期干旱，避免重作迎茬。

京农 8 号大田长势

京农 8 号籽粒

吉绿 10 号

品种来源

吉绿 10 号是吉林省农业科学院作物资源研究所于 2005 年从外引农家品种田中发现并选取变异株，采用系谱法选育而成的绿豆品种。品种审（认）定编号为吉登绿豆 2014002。

特征特性

2012 年产比试验平均每公顷产量 1 208.2 千克，比对照吉绿 8 号增产 9.47%；2013 年产比试验平均每公顷产量为 1 498.7 千克，比对照增产 30.18%。两年产比试验平均每公顷产量为 1 353.5 千克，比对照增产 19.96%。2013 年生产试验平均产量为 1 532.6 千克 / 亩，比对照品种吉绿 8 号增产 35.31%。粗蛋白质含量 26.66%，粗淀粉含量 51.08%。

技术要点

（1）春播在 5 月中旬播种，一般播种量为 16～20 千克 / 亩，保苗 12 万～20 万株 / 亩，行距

50～60 厘米，株距 10～14 厘米。

（2）中等土壤肥力条件下，播种时施种肥，每公顷施氮磷钾复合肥 150～200 千克。播种的同时撒毒谷（用辛硫磷拌的谷子），防治地下害虫，及时中耕除草，防治蚜虫，收获后及时熏蒸，防止绿豆象的为害。

适宜地区

吉林省西部地区绿豆主产区。

吉绿 10 号大田

吉绿 10 号籽粒

吉绿 11 号

品种来源

以植株较高、百粒重 6.6 克的农家品种 5 号为母本，以适应性强、产量稳定的白绿 522 为父本，于 2005 年进行人工杂交选育而成的绿豆品种。2014 年通过吉林省农作物品种审定委员会审（认）定，审定编号吉登绿豆 2014001。

特征特性

籽粒长圆柱形，绿色，有光泽，百粒重 6.2 克。半蔓生型，幼茎紫色，复叶卵圆形，株高 63.4 厘米，分枝 2.5 个，荚长 12.3 厘米，成熟荚黑色，单株荚数 14.3 个，单荚粒数 12.55 个。籽粒粗蛋白质含量 24.26%，粗淀粉含量 53.12%。田间自然发病，抗叶斑病和根腐病。出苗至成熟 89 天左右。2011 年区域试验平均每公顷产量 1 199.75 千克，比对照白绿 6 号增产 4.68%；2012 年区域试验平均每公顷产量 1 503.00 千克，比对照白绿 6 号增产 11.23%；两年区域试验平均每公顷产量 1 351.37 千克，比对照白绿 6 号增产

8.22%。2013 年生产试验平均每公顷产量 1 450.71 千克，比对照白绿 6 号增产 5.98%。

技术要点

5 月中下旬播种，播种量为 20 千克 / 公顷，播种深度 3～5 厘米，覆土不宜太厚。条播株距 10～15 厘米，穴播株距 15～17 厘米，每穴 2～3 粒，每米保苗 10～13 株，保苗 14 万～18 万株 / 公顷，行距 50～60 厘米。

适宜地区

吉林省绿豆主产区。

注意事项

及时收获。

吉绿 11 号豆荚

吉绿 11 号籽粒

吉绿 11 号植株

吉绿 11 号大田

冀绿 13 号

品种来源

河北省农林科学院粮油作物研究所以冀绿9901和豫绿87-238为亲本杂交选育而成的绿豆品种。2015年通过国家小宗粮豆新品种鉴定委员会鉴定，鉴定编号为2015024。

特征特性

早熟种，生育期夏播68～70天，春播79～81天。株高55厘米左右，主茎分枝2.2～4.6个，主茎节数8.0～11.1节，单株荚数25.4～36.2个，荚长8.9～9.9厘米，荚粒数9.6～11.1粒，千粒重57.3～63.1克。幼茎红色，成熟茎绿色，为有限结荚习性，结荚集中，成熟一致，不炸荚，适于一次性收获。籽粒绿色，有光泽，平均蛋白质含量20.57%～22.17%，碳水化合物含量57.02%～60.02%，脂肪含量1.63%～1.77%。国家区域试验中夏播组平均单产126.47千克/亩，比对照保绿942增产5.32%，居第一位；春播组平均单产113.83千克/亩，比对照白绿522增产

16.79%，居第一位。

技术要点

（1）适宜播期：夏播6月10—30日，春播4月中下旬至5月中旬。

（2）适宜密度：中高水肥地1.0万～1.2万株/亩，瘠薄旱地1.3万～1.4万株/亩。足墒播种，播深3～4厘米，播种量1.5～2.0千克/亩。

（3）田间管理：苗期不旱不浇水，盛花期、结荚期视墒情浇水1～2次。中低产的瘠薄地上初花期可追施尿素5.0千克/亩。及时防治苗期的蚜虫、地老虎、棉铃虫和红蜘蛛等，以及花荚期的蓟马、豆荚螟等。80%以上的荚成熟时一次性收获。

适宜地区

该品种适宜在黑龙江省西部、吉林省中北部、辽宁省中北部、内蒙古东南部、山西省中部、陕西省北部等春播区，北京市西南部、河北省中部、江苏省东南部、山东省中北部、江西省中部等夏播区种植。

冀绿 13 号植株

绿豆 8 号

品种来源

原品系代号 9908-34，由山西省农业科学院作物科学研究所经人工杂交选育而成的绿豆品种，2014 年通过山西省农作物品种审定委员会认定，品种审定编号为晋审绿（认）2014001。

特征特性

中熟种，生育期平均 82 天。植株直立，株高平均 50.0 厘米。幼茎绿色，成熟茎绿褐色，茎有绒毛，主茎 9～10 节，主茎分枝 2～3 个。叶色浓绿，复叶卵圆形，黄花，成熟荚黑色，圆筒形。单株荚数 20～30 个，单荚粒数 9～10 粒，百粒重平均 6.5 克，籽粒圆柱形，种皮绿色有光泽。该品种适合我国绝大多数绿豆产区，春播区春播，复播区复播，2013 年已推广到山西省 9 个市种植。

技术要点

播种前精选种子，精细整地，施足底肥，

忌重茬和白菜茬。播种期5月中下旬，麦后复播越早越好。播种量15～30千克/公顷，播深3～5厘米，行距40～50厘米，种植密度（12×104）～（15×104）株/公顷。自出苗至开花，中耕除草2～3次。特别注意花荚期水肥管理。苗期注意防控蚜虫、地老虎、红蜘蛛，花荚期及时防控豆荚螟、蚜虫及叶斑病。田间80%的荚成熟时收获，建议成熟一批，采摘一批。

适宜地区

适合我国绝大部分绿豆产区，春播区春播，复播区复播。

注意事项

合理轮作，忌连作，忌白菜茬，及时防治病虫害。

晋绿 9 号

品种来源

山西省农业科学院高寒区作物研究所从大同市灵丘县收集的地方绿豆农家种灵丘小明绿豆的变异单株中，经系谱法多年定向选择育成的绿豆品种，原品系代号为 06-L 选。2015 年通过山西省农作物品种审定委员会审定，审定编号为晋审绿（认）2015001。

特征特性

该品种在晋北地区生育期 98 天左右，属中晚熟品种，株型直立，叶片绿色，呈卵圆形，花黄色，成熟荚褐色弯镰形，籽粒长圆形，浅绿色有光泽，株高 56 厘米，主茎分枝 3.4 个，主茎节数 11 节左右，单株成荚 30 个左右，荚长 8.9 厘米，荚粒数 12 粒，千粒重 6.9 克，结荚集中，抗逆性强，适应性广，稳产性好。经农业部谷物及制品质量监督检验测试中心（哈尔滨）检验：粗蛋白含量 24.39%，粗淀粉含量 52.35%，粗脂肪含量 1.21%。晋绿 9 号于 2012 年参加山西省早熟组区域试验，平均亩产81.2千克，比对照晋绿3号（平均亩产73.6千克）增产10.3%；2013年参加山西省早熟组区域试验，平均亩产90.5千克，比对照晋绿3号（平均亩产84.3千克）增产7.4%。两年平均亩产85.9千克，比对照晋绿3号（平均亩产78.9千克）增产8.8%。两年总10点次全部增产，增产点率达100%。

技术要点

（1）选地：选用土层深厚，前茬以3年未种过豆类作物的农田。实行轮作倒茬，忌重茬迎茬。

（2）种子处理：播种前进行晒种及拌种，每千克绿豆种子用1.5克钼酸铵+2克多菌灵+2克福美双进行拌种。

（3）施肥及追肥：亩施腐熟有机肥1 500～2 500千克、过磷酸钙15～20千克、尿素4～8千克混合作基肥，初花期至现蕾期结合降雨亩追施尿素15千克。

（4）播期和密度：一般5厘米地温稳定通过15℃以上播种为宜，播深3～5厘米。种植密度：一般密度为10 000～12 000株/亩，行距40厘米，株距15～18厘米。

（5）田间管理：苗期适度“蹲苗”，花期足量灌水，后期适时收获。生育期中耕3次，中耕深度遵循浅深浅原则，深度5～6厘米，中耕、除草、培土结合进行。注意及时防治病虫草害。

适宜地区

适宜在山西晋北春播、晋中南复播及类似生态区栽培种植。

注意事项

施足底肥，足墒播种保全苗，苗期适度“蹲苗”，花期足量灌水，后期适时收获，及时防治病虫草害，注意克服花荚期干旱，避免重作迎茬。

晋绿9号籽粒

晋绿9号田间长势

品金芸 3 号

品种来源

山西省农业科学院农作物品种资源研究所选育的芸豆品种，2014 年经山西省农作物品种审定委员会认定。

特征特性

该品种生育期 85 天，中早熟品种。田间植株生长整齐，生长势强，株型直立形，幼茎色绿色，茎上有绒毛，绒毛灰色，株高 41.8 厘米，主茎节数 12 节，主茎分枝数 4.2 个，叶片形状卵圆形、叶片较大、颜色深绿色，花色白色，荚型长扁条，荚长 12.6 厘米，荚宽 1.1 厘米，成熟荚白色，单株荚数 20.2 个，单荚粒数 5.1 个，籽粒形状肾型，百粒重 47.6 克，种皮红色。抗旱性好，抗寒性一般，适应性好，抗病性强。2012 年经农业部谷物品质监督检验测试中心检测，籽粒中粗蛋白含量 23.19%，粗脂肪含量 1.40%，灰分含量 3.47%，水分含量 9.4%。该品种 2011—2012 年参加山西省芸豆新品种区域试验，两年平均亩产

154.5千克，比对照英国红芸豆平均亩产138.9千克，增产11.2%。其中2011年平均亩产146.6千克，比对照英国红芸豆增产11.7%，2012年平均亩产162.3千克，比对照英国红芸豆增产10.8%。

技术要点

轮作倒茬，与禾谷类作物实行3～4年的轮作；施足基肥，亩施有机肥1 500～2 500千克，施复合肥60～80千克；实行种子包衣和拌种处理；覆膜宽窄行种植，宽行距60厘米，窄行距40厘米；合理密植，亩留4 500～5 500穴，每穴留2～3株；及时防治病虫害。

适宜地区

适合山西省芸豆产区种植。

注意事项

轮作倒茬，及时防治病虫害。

东北半干旱地区红小豆生产技术

技术要点

（1）整地：选择土层深厚，排水良好的沙壤土。宜秋季整地，无法进行秋整地时，也可春季整地。秋起垄以尖垄为主，垄宽65～70厘米，垄高15～20厘米，起垄同时进行深施肥，镇压后待播。

（2）施肥：每公顷施优质腐熟的农家肥22.5～30吨。缺乏微量元素的地块，应适当施用所缺元素微肥。其施肥原则以底肥和种肥为主，叶面追肥为辅，适当增施钼肥。

（3）播种：播种前晒种1～2天，每隔3～4小时翻动一次。播前用种衣剂拌种，阴干后进行播种。在水分适宜的条件下，一般土壤表层5厘米地温稳定通过12℃时播种。播种量以保苗株数为原则，以品种的百粒重、发芽率、清洁率为依据，予以计算。

（4）田间管理：出苗后应及时查田，对缺苗地块应及时进行补种。在红小豆出苗显行时，结合间苗进行垄沟深松。根据墒情，在初花期和花荚期土壤含水量低于13%时，每公顷灌水450～525吨。

（5）收获贮藏：当全田植株荚果的2/3变黑且籽粒具有该品种色泽时收获。收获后及时晾晒、脱粒、晒种。种子含水量达到13%以下时，即可入库保存。

适宜地区

黑龙江省西部地区。

半干旱地区红小豆生产技术

技术来源：黑龙江八一农垦大学

红小豆“大垄平台”高产栽培技术

技术目标

采用110厘米垄体、垄上3条、条带内精量点播的种植方式，减弱红小豆群体内植株个体间的竞争压力，改善群体生长后期冠层下部的通风透光条件，提高群体的抗逆性和光能利用率，群体生物量增加。实践表明，“大垄平台”模式的产量显著高于65厘米垄作和平作模式，产量可以达到175～190千克/公顷，比常规的65厘米垄作对照增产10%～25%。

技术要点

（1）品种选择：黑龙江省北部地区宜选择株型收敛的品种，如珍珠红、宝清红、龙小豆3号、小丰2号等。

（2）整地：以秋整地为主，翻地深度应在20～25厘米范围内，在前茬作物收获后至封冻前完成，深松深度在30～35厘米，秋起垄垄宽110厘米，垄高15～20厘米，起垄与深施底肥同时进行，起垄后进行镇压，保墒待播。

（3）施肥：施肥比例为N：P_2O_5：K_2O=1：1.5：1，每公顷施肥量为尿素23千克、磷酸二铵34千克、硫酸钾22千克。

（4）播种：白天活动积温稳定通过10℃以上即可播种，采用垄上3条、条带内精量播种的方式，种植密度为18万～20万株/公顷，播后覆土厚度为3～4厘米，为保证播种质量，应把红小豆播在湿土层上，并做到种肥分离，以防止芽干和化肥烧种，为防止红小豆缺苗断条，播种后应及时镇压保墒。

（5）病虫害防治：病毒病可用20%农用链霉素1 000～2 000倍液喷雾防治；白粉病和锈病可用25%粉锈宁2 000倍液喷雾防治。蚜虫多发生在苗期和花期，结荚期如果温度过高也可能发生，蚜虫可以选用40%氧化乐果2 000～3 000倍液喷雾防治，喷雾最好要在清晨或傍晚的无风天气进行。

适宜区域

活动积温≤2 100℃的黑龙江省北部冷凉区。

大垄平台春季播种

播后镇压作业

苗期田间效果

花期田间效果

技术来源：黑龙江八一农垦大学

红小豆高产轻简栽培技术

技术目标

在适宜红小豆夏播区，红小豆产量达 185 千克 / 亩。

技术要点

（1）品种选择：红小豆选择早熟、直立、不炸荚、成熟一致的优质品种，如冀红 12 号、保红 947、冀红 352、冀红 9218 等。

（2）种子处理：播前晒种 1～2 天，用 40% 辛硫磷 EC 500 倍液进行拌种处理。

（3）播种：最适播期 6 月 20—25 日，机械播种，行距 50 厘米，株距 10～15 厘米，播种深度 3～4 厘米；播种同时机械喷洒精异丙甲草胺，每亩用 124.8 克对水 30 千克进行土壤封闭。播种量一般每亩为 2.5～3 千克，密度为 9 000～10 000 株。

（4）田间管理：出苗至开花封垄前中耕 2 次，第一次于分枝前，兼除草；第二次在始花期进行，兼松土、培土和除草。小豆始花期如长势较弱，结合中耕培土追施尿素 5～10 千克 / 亩。始花期干旱时及时浇水。注意防治苗期的病毒病和花期的豆荚螟。80% 的豆荚成熟时一次性收获。

适宜地区

该技术适宜红小豆夏播区。

红小豆高产轻简栽培技术大田

技术来源：唐山市农业科学院

半干旱地区绿豆生产技术

技术要点

（1）整地：宜选择土壤肥力好、耕层疏松、透气性好的沙壤土，同时避开盐碱过大，低洼易涝，前茬未使用长效除草剂的地块。绿豆不宜连作，忌重茬、迎茬，宜选用玉米茬，也可选用马铃薯、谷子茬等。

（2）施肥：一般情况下，每公顷施腐熟好的农家肥30～45吨，磷酸二铵100.5千克，尿素51.0千克，硫酸钾51.0～75.0千克。

（3）播种：当土壤表层5厘米地温稳定通过12℃时播种。一般地块，每公顷保苗22.5万～30.0万株。采用机器垄上条播，沟深4～5厘米，覆土厚3～4厘米，播后及时镇压。

（4）田间管理：出苗后应及时查田，对缺苗地块应及时进行补种。第一片复叶展开时进行间苗；第二片复叶展开时定苗，条播定苗时要留单株，不能留双株和丛集苗。一般在开花封垄前应中耕3次。

（5）收获贮藏：应在10:00前或傍晚进行。

小面积种植应根据成熟情况随熟随采。一般在植株上有60%～70%的荚成熟后，开始采摘，以后每隔7～10天收摘一次。大面积种植情况下常需一次收获，以全田植株荚果的2/3变黑且籽粒具有本品种色泽时收获。收获后及时晾晒、脱粒、晒种。种子含水量达到13%以下时，即可入库保存。

适宜地区

黑龙江省西部地区。

半干旱地区绿豆生产技术示范田

技术来源：黑龙江八一农垦大学

绿豆大垄平台机械化生产技术

技术目标

该技术是在垄作的基础上，以全程机械化为手段，通过采用110厘米垄体垄上3行种植，结合精量点播与分层施肥，增强绿豆抗逆性的同时，改善绿豆群体光合作用生产效率和肥料利用率，实现绿豆丰产优质高效生产。该项技术在东北地区比常规绿豆栽培技术显著增产提质。

技术要点

（1）播前准备：采用2～3年轮作倒茬，前茬收获后以伏秋整地为主，秋起平台大垄，垄距110厘米，垄台宽度≥75厘米，垄台高度≥18厘米，并及时镇压。因地制宜选择宜机收的丰产优质品种。播前用种子量0.4%的多福克种衣剂（35%），或0.3%的百菌清可湿性粉剂（75%）+0.1%的辛硫磷乳油（50%）机械拌种。一般每公顷施用磷酸二铵75～90千克、硫酸钾45～75千克，其中总肥量的2/3做基肥侧深（15～20厘米）施肥，1/3做种肥（种下3～5厘米）；有条件地区每公顷可施用腐熟优质有机肥15～22.5吨，同时适当减少化肥用量。

（2）适时播种：东北地区从5月初至6月初均可播种，除了满足土壤温湿度条件外，还应考虑使开花结荚期处于高温多湿雨季。垄上3行机械精量点播，垄上行间距25～27厘米，播深3～4厘米。每公顷保苗数：早熟品种或低水肥地块18万～20万株；中熟品种或中等水肥地块15万～17万株；晚熟品种或高水肥地块12万～14万株。

（3）田间管理：出苗后分别在第一片复叶展开、苗高20～25厘米和封垄前及时进行中耕。花荚期叶面喷施0.3%磷酸二氢钾+0.15%钼酸铵+0.3%硼砂+0.1%硫酸锰+0.2%硫酸锌溶液；如缺少氮肥，可适量增施2%尿素溶液。在初花期或盛花期喷洒三碘苯甲酸、矮壮素或烯效唑等防止落花落荚和倒伏减产。

（4）及时收获：以全田2/3的荚果变成褐黑色为适时收获标志，割晒后适期拾禾脱粒、清选。

绿豆大垄平台示范田

技术来源：黑龙江八一农垦大学

旱地绿豆地膜覆盖高产栽培技术

技术要点

（1）绿豆品种选择：选择抗旱耐瘠、早熟直立、株型紧凑，结荚集中，成熟一致的绿豆品种。如冀绿7号、冀绿10号、冀黑绿12号等。

（2）覆膜：采取人工或机械覆膜，保证盖膜质量。坡地采取等高线覆膜。在垄面上每隔5米压一土带，以防串风揭膜。

（3）播种：河北丘陵山区在4月23—30日即可播种。等雨播种的地块可延迟至6月30日之前播种。绿豆穴播，穴距20厘米左右，穴数5 000穴/亩，每穴留苗2株左右。留苗1.0万～1.2万株/亩。采取人工打孔播种，或坐水点种。一般孔径3厘米，播深3～4厘米，每穴3～5粒，干细土覆土。

（4）种植样式：根据地膜幅宽，一般垄宽60～80厘米，垄上种植2行绿豆，行距40～50厘米，垄高5～7厘米，边沟宽20厘米。播种量1.0～1.5千克/亩。

（5）化学除草：播前可选用48%氟乐灵进行土壤处理。

（6）田间管理：对播后盖膜地块，绿豆出苗后要及时放苗封土。放苗后随即用细土压好缝口。对先盖膜后打孔播种的地块，要及时将播种孔上的泥土刨开。地膜覆盖绿豆常见病害有苗期的根腐病，花荚期的病毒病、叶斑病和白粉病。主要虫害有苗期的地老虎、蚜虫、红蜘蛛、根蛆等，花荚期的豆荚螟、豆野螟和食心虫等。6月上中旬绿豆开花结荚期，缺水地块，灌水1次。田间80%的荚变黑时即可一次性收获。

适宜地区

该技术适宜华北丘陵山区春播绿豆种植区。

旱地绿豆地膜覆盖高产栽培技术大田

技术来源：河北省农林科学院粮油作物研究所

晋北地区绿豆机械化收获催熟技术

技术要点

（1）品种选择：适宜机械化收获的绿豆品种，需满足丰产性好、成熟期一致、株高>50厘米、结荚集中、直立抗倒伏以及不炸荚等条件。在晋北地区符合该条件的品种有晋绿8号、冀绿9239、中绿5号等。

（2）栽培方式：绿豆采用机械播种，覆膜播种施肥一次完成，采用宽窄行种植模式，宽行60～65厘米，窄行30～40厘米，株距11～12厘米。

（3）催熟剂使用：药剂施用应在晴天的早晚进行，当85%以上绿豆荚变黑时，用催熟剂400倍稀释液在绿豆植株叶片及茎秆上喷施一遍，5～7天后绿豆可达到机械化收获条件。若绿豆成熟期较长，有60%以上豆荚已可采收，但仍有30%以上为青荚时，可以先喷施乙烯利100倍液1次，5天后再喷催熟剂400倍液1次，再过5天后即可进行机械采收。

适宜地区

该技术适用于山西省北部绿豆产区。

晋北地区绿豆催熟效果

技术来源：山西省农业科学院作物科学研究所

绿豆豆象防治技术

为害特征

（1）形态特征：成虫体长2～3.5毫米，宽1.3～2毫米。卵圆形，深褐色。头密布刻点，额部具一条纵脊，雄虫触角栉齿状，雌虫锯齿状。前胸背板后端宽，两侧向前部倾斜，前端窄，着生刻点和黄褐、灰白色毛，后缘中叶有1对被白色毛的瘤状突起，中部两侧各有1个灰白色毛斑，小盾片被有灰白色毛。臀板被灰白色毛，近中部与端部两侧有4个褐色斑。后足腿节端部内缘有一个长而直的齿，外端有一个端齿，后足胫节腹面端部有尖的内齿、外齿各1个。卵长约0.6毫米，椭圆形，淡黄色，半透明，略有光泽。幼虫长约3.6毫米，肥大弯曲，乳白色，多横皱纹。蛹3.4～3.6毫米，椭圆形，黄色，头部向下弯曲，足和翅痕明显。

（2）发生规律：一年可发生4～12代，以幼虫或蛹在豆粒内越冬，次年春天羽化为成虫。成虫善飞，有假死性，成虫可在贮粮仓豆粒上或田间豆荚上产卵，经20～50天变为成虫。幼虫孵化后即蛀入豆荚豆粒。

技术要点

（1）物理防治：绿豆收获后，抓紧时间晒干或烘干，使种子含水量在14%以下，可使各种虫态的豆象在高温下致死。也可利用严冬自然低温冻杀幼虫，或利用电冰箱、冰柜或冷库杀虫。在贮藏绿豆表层覆盖15～20厘米草木灰或细沙土，防止外来豆象成虫在贮豆表面产卵。家庭贮存绿豆，可将绿豆装于小口大肚密封容器中，用时取出，不用时再密封，保存效果好。

（2）化学药剂防治：①室内防治。绿豆量较少时，可将溴化钾或磷化铝装入小布袋内，放入绿豆中，密封在一个桶内保存，若存贮量较大，可按贮存空间每立方米50克溴甲烷或20克磷化铝的比例，在密封的仓库或室内熏蒸，不仅能杀死成虫，还可杀死幼虫和卵，且不影响种子发芽。②田间防治。绿豆播种前用40%辛硫磷乳油500倍液浸种2小时，播种后42天即始花期喷施40%辛硫磷乳油500倍液喷雾，此后每间隔7天施药一次，共施3次。单种药剂推荐使用2.5%联苯菊酯乳油2 000倍喷雾，对豆象的防治效果较好。此外，在绿豆收获前20天左右，可用0.6%氧化苦参碱 1 000 倍液，或用 5% 爱福丁 5 000 倍液喷雾，杀灭成虫及卵。

注意事项

为了避免豆象对上述药剂产生抗性，建议生产上配合其他药剂在田间轮换使用。

技术来源：山西省农业科学院高寒区作物研究所

绿豆细菌性晕疫病防治技术

为害特征

细菌性晕疫病主要为害叶片，也侵染豆芽和种子。最初，下部叶片表面出现水浸斑，随后坏死，变为淡黄色或棕褐色。围绕病斑产生一个宽的黄绿色晕圈病斑。潮湿时病斑上产生白色菌脓。被侵染种子比正常种子小，种皮皱缩，变色。可通过种子带菌传播，也可由气孔或机械伤口侵入。潮湿冷凉地区易发病。

防治技术

（1）用45℃温水浸种15分钟，捞出后移入冷水中冷却，或用农用链霉素500倍液浸种25小时。

（2）与非豆科作物轮作2～3年。

（3）收获后翻根深埋病残体。

（4）病症出现时，喷施72%农用链霉素可湿性粉剂或新植霉素4 000倍液或77%可杀得可湿性微粒粉剂500～600倍液，隔7～10天喷一次，防治1～2次。

注意事项

利用抗病品种，严格检疫，防止种子带菌传播蔓延，用合格无病种子；避免在植株潮湿时进行农事操作。

技术来源：山西省农业科学院作物科学研究所

绿豆红斑病防治技术

为害特征

为害植株叶部，病斑生于叶片正反两面，近圆形、多角形至不规则形的病斑，直径1.0～8.0毫米，中央为灰白色或浅红色圆点，至边缘为红褐色，湿度大时产生黑灰色霉状。开花后，如遇高温高湿天气，病害发展迅速。当病害发生严重时，病斑汇合成片，致使部分叶片枯死。

技术要点

（1）农业技术措施：选择种植抗病品种。与禾本科作物轮作，收获后清除病残体，并进行深耕。

（2）药剂防治：80%代森锰锌可湿性粉剂用量为100～150克/亩，50%多菌灵可湿性粉剂100克/亩，隔7～10天防治1次，连续防治2～3次。

绿豆红斑病症状

技术来源：黑龙江八一农垦大学农学院植保系

绿豆轮纹病防治技术

为害特征

该病害主要为害部位为叶部，病斑为直径5～35毫米，深褐色、近圆形，边缘为红褐色，中央颜色浅，形成明显的同心轮纹状，中心的部位易穿孔，导致病部破裂，在病害发生后期，病斑上轮生或散生小黑点，是该病原菌的分生孢子器，病害发生严重时，叶片会干枯，并且提早脱落。

技术要点

（1）农业技术措施：收获后清除病残体，深埋。重病地块与禾本科作物实行轮作。适时播种，高垄栽培，合理密植，合理施肥。

（2）药剂防治：发病初期可喷施40%氟硅唑（福星）乳油8毫升/亩，75%肟菌·戊唑醇水分散粒剂13克/亩，50%多菌灵可湿性粉剂100克/亩，10%苯醚甲环唑水分散粒剂20～80克/亩，隔7～10天防治1次，连续防治2～3次。

绿豆轮纹病症状

技术来源：黑龙江八一农垦大学农学院植保系

半干旱地区芸豆生产技术

技术要点

（1）整地：有深翻、深松基础的地块可进行秋耙茬、起垄、镇压，达到待播状态。没有深翻深松基础的地块，应先进行深翻或深松，然后整地到待播状态。春整地时一般采取旋耕灭茬、施肥起垄的方式。深翻深度应达20～22厘米，深松深度30～35厘米，旋耙深度12～15厘米，耙平耙细。垄距为65～70厘米。做到土壤细碎、无残茬、无漏耕、无立垡、无坷垃。

（2）施肥：每公顷施有机肥22.5～45.0吨做底肥，除种肥外，其余化肥作基肥在起垄时施入，施肥深度为种下12～14厘米。每公顷施用磷酸二铵30～50千克做种肥。种肥随播种开沟时施入，分两层施入。

（3）播种：当土壤表层5厘米稳定通过12℃时播种。一般每公顷保苗在18.0万～24.0万株。当耕层土壤含水量低于12%时，需坐（滤）水播种。播种深度为3～5厘米。

（4）田间管理：出苗后应及时查田，对缺苗地块及时进行催芽坐水补种。当田间达到垄体显苗后，选择在温暖天气，当植株有点萎蔫且有韧性时进行第一遍中耕，深度为20～25厘米，要撤土、培土交替，不要伤根，中耕2～3次，最后一次中耕要在封垄前进行，趟地封根培土。

（5）收获贮藏：当植株2/3荚果变黄，籽粒变为固有形状和颜色，叶子变黄，叶片大部分脱落时收获。芸豆籽粒含水量降到14%以下时方可入库贮存。

适宜地区

黑龙江省西部地区。

半干旱区芸豆生产技术

技术来源：黑龙江八一农垦大学

芸豆大垄平台机械化生产技术

技术要点

（1）播前准备：合理轮作倒茬，前茬收获后以伏秋精细整地为主。起垄以秋起垄为宜，垄宽110厘米，垄台宽70～75厘米，垄台高18～20厘米，及时镇压保墒。选择适于当地机械化收获的直立型丰产优质品种。播前用种子量0.4%的多福克种衣剂（35%），或者0.3%的百菌清可湿性粉剂（75%）+0.1%的辛硫磷乳油（50%）机械拌种。一般公顷施尿素40～70千克、磷酸二铵120～150千克、硫酸钾40～60千克。其中2/3做底肥，秋季侧深施肥，深度15～20厘米；1/3做种肥，深度为种下3～5厘米。

（2）适时播种：当地土壤0～5厘米耕层内温度稳定在12℃以上时，即可开始播种。东北地区一般由5月初开始从南向北陆续开播，最晚播期不超过6月初。垄上3行机械精量点播，垄上行间距25～27厘米，播深3～4厘米。一般每公顷保苗在12万～22万株。其中，易密植的品种保苗18万～22万株；密度适中的品种保苗在17

万～21 万株；易稀植的品种保苗 12 万～15 万株。

（3）田间管理：分别在垄体显苗后、苗高 20～25 厘米时、封垄前进行中耕。芸豆开花结荚期酌情喷施叶面肥，每公顷可用磷酸二氢钾 1.50 千克＋水 450 千克，于 10:00 以前或 16:00 以后均匀喷施，间隔 10 天左右再喷施一次，可健身促早。根据叶片颜色，适量追施尿素，也可根据植株长势叶面喷施生长调节剂进行株型调控。

（4）及时收获：豆荚皮变黄脱水后，豆叶开始脱落时及时收获，割晒后适期拾禾、脱粒、清选。

芸豆大垄平台示范田苗期

芸豆大垄平台示范田花期

技术来源：黑龙江八一农垦大学

英国红芸豆地膜覆盖栽培技术规程

技术要点

（1）选地与整地：选择地势平坦地块，并精细整地。

（2）选种：选用籽粒饱满、发芽率高的种子。

（3）适宜播期：冀西北坝上高寒区小满前后播种。

（4）地膜覆盖：选用宽70～80厘米、厚0.005毫米的聚乙烯地膜，每公顷用膜38～42千克，机播每幅2行。

（5）播量：播量7千克/亩左右。

（6）施肥：每亩底施尿素10千克+磷酸二铵15千克做种肥。

（7）适时收获：当叶片发黄下部叶片凋落、全部豆荚变黄成熟时收获。无霜期较短地区，应掌握75%以上豆荚变黄成熟时收获。

（8）及时晾晒：收获后，一般整株晾晒，避免浸水或潮湿，影响芸豆商品性，降低商品等级。

适宜地区

冀西北坝上高寒区及山西省、内蒙古类似生态区。

英国红芸豆地膜覆盖栽培技术大田

技术来源：张家口市农业科学院

芸豆细菌性疫病防治技术

为害特征

芸豆细菌性疫病主要为害芸豆的叶、茎蔓、豆荚和种子。为害叶片时，初期长出暗绿色水浸状小斑点，逐渐扩大成不规则形，然后病斑部位变褐干枯，呈半透明状，周围有黄色晕圈，有的溢出黄色菌脓，严重时病斑连片以致全叶枯死。湿度大时，部分病叶迅速变黑，嫩叶扭曲变形。当茎蔓染病时，产生扭曲畸形，病斑呈红褐色圆形，中央稍凹陷，病斑绕茎一周造成上部茎叶枯死。豆荚受害时产生褐色圆形病斑，凹陷，豆荚皱缩。

技术要点

（1）种子处理：种子用72%农用链霉素水溶性粉剂500倍液，浸种消毒24小时左右，洗净播种。

（2）药剂防治：发病初期用72%农用链霉素水溶性粉剂4 000倍液或新植霉素4 000倍液，7～10天喷一次，连喷2～3次。

芸豆细菌性疫病病害症状

技术来源：黑龙江八一农垦大学农学院植保系

西北地区芸豆高效施肥技术

技术要点

（1）条施基肥：推荐亩施纯氮6～8千克，五氧化二磷4～5千克，氧化钾4～5千克，硼砂0.5千克，硫酸锌0.25千克；全部肥料一次性机械条施。

（2）叶面喷肥：盛花期和终花期用尿素、硫酸铵、过磷酸钙浸出液等联结粉剂型微生物菌剂进行叶面喷施。通常亩用尿素1～2千克、磷酸二氢钾1～2千克，加水40～50千克。

适宜地区

该技术适用晋西北、太行山等高寒冷凉地区芸豆生产区域。

技术来源：山西省农业科学院旱地农业研究中心

旱地芸豆覆膜节水栽培技术

技术要点

（1）品种选择：常用的品种为品芸2号、龙芸6号、龙芸4号、英国红。

（2）种子处理：品种选定后，必须进行精选，选择饱满、光泽度好，发芽率、发芽势高的籽粒。

（3）整地与施肥：每亩施农家肥1 000千克、碳酸氢铵50千克（或尿素13千克）、过磷酸钙50千克，硫酸钾或氯化钾5千克作基肥。红芸豆根瘤固氮能力不高，施用充足的基肥，特别是磷肥、钾肥是十分必要的。然后平整土地，创造一个良好的耕层。

（4）播种：当土壤耕层5厘米处的地温稳定通过10℃以上时即可进行铺膜播种，冷凉地区在5月中旬为宜，若墒情差，为了等雨下种，推迟10天亦可。机械覆膜播种一次作业，选用铺膜，打孔、穴种、覆土、镇压一次作业机械（与地膜玉米机械相同），一米一带，一带一膜，一膜两行。

（5）种植密度：每亩留苗13 000株左右，株距20厘米、行距50厘米，每穴2～3粒，深度3～5厘米，每亩用量6千克左右。

（6）田间管理：铺膜播种后，常刮春风，易把膜掀起，要密切关注与巡查，随时铲土压膜、护边。在苗期至开花前，在膜间露地至少进行2次中耕松土兼除草，开花后不在中耕除草，以免伤害植株碰落幼花幼荚。病虫防治要坚持“预防为主，综合防治”的方针，坚持“绿色防控为主，化学防治为辅”的原则，力求采用耕作防治、物理防治、生物防治等无害化技术及措施。

（7）收获：成熟后人工割倒晾干收获或机械收获。

适宜地区

该技术适用于山西省冷凉地区。

技术来源：山西省农业科学院旱地农业研究中心